Contraste insuffisant des couvertures
supérieure et inférieure

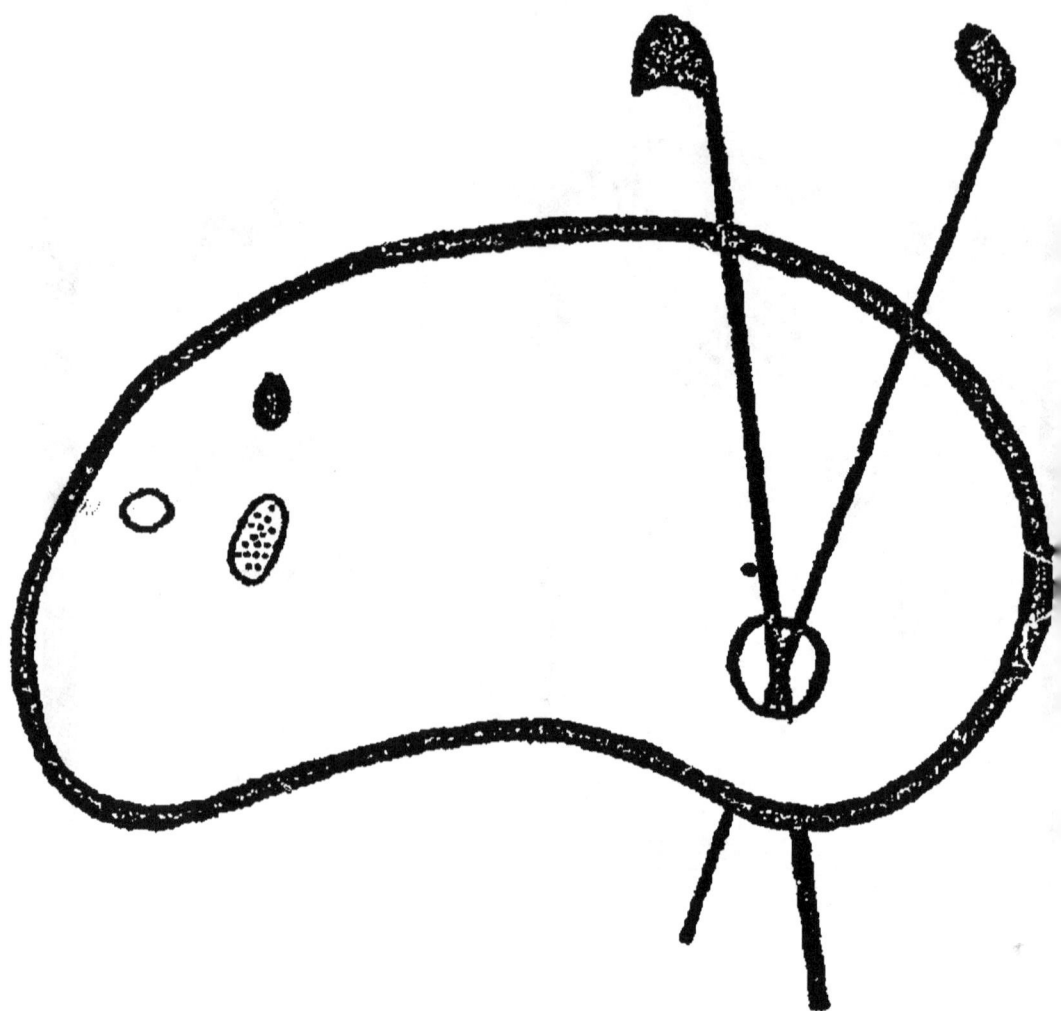

COUVERTURE SUPERIEURE ET INFERIEURE
EN COULEUR

LE PARFAIT
MARÉCHAL-EXPERT,

ou

L'ART DE CONNAITRE LES CHEVAUX.

MANUEL CLASSIQUE, propre à l'Instruction de l'Écuyer, du MARÉCHAL-FERRANT, du Fermier et des Gens du monde, contenant un Précis de Leçons d'équitation et de manége; des Maladies du cheval; des Moyens de guérison; des meilleures Méthodes de FERRURE, etc., etc.; d'après les Ouvrages élémentaires de l'École royale Vétérinaire de Charenton, de MM. de la Guérinière, le baron de Sind, de Lafosse, Joanni, Brugnone, Boussanelle, Bourgelat, etc., etc.

ORNÉ DE SIX GRAVURES.

Voyez ce fier coursier, noble ami de son maître,
Son compagnon guerrier, son serviteur champêtre;
Il prévient l'éperon, il obéit au frein,
Fracasse par son choc les cuirasses d'airain,
S'énivre de valeur, de carnage et de gloire,
Et partage avec nous l'orgueil de la victoire.

DELILLE, *les trois Règnes.*

NOUVELLE ÉDITION.

———

A PARIS,

CHEZ CORBET AINÉ, LIBRAIRE,

QUAI DES AUGUSTINS, N° 61.

1824.

On trouve chez le même Libraire

LE NOUVEAU BON JARDINIER, ou *Manuel des jardiniers.* Un vol. in-12 de 500 pages, fig . . . . 5 fr.

AVICEPTOLOGIE FRANÇAISE, ou *Traité général de toutes les ruses dont on peut se servir pour prendre les oiseaux,* avec une Collection considérable de figures représentant les piéges propres aux différentes chasses; augmentée d'un Traité complet sur la chasse aux cailles, aux alouettes, etc., et d'un Traité du Rossignol. 9e. édition. Un gros vol. in-12 . . . . 5 fr.

PISCICEPTOLOGIE, ou *l'Art de pêcher à la ligne, aux filets et autres instrumens,* enrichi d'un grand nombre de figures représentant les pièces propres aux différentes pêches. Un vol. in-12 . . . . 6 fr.

THÉORIE GÉNÉRALE DE TOUTES LES CHASSES AU FUSIL, *pour le gibier à poil et à plume, et des grandes chasses royales,* contenant un Traité sur les propriétés du fusil de chasse, soit moderne, soit à piston; un Vocabulaire des termes de vénerie, de fauconnerie et de chasse; la manière de dresser les chiens et de les guérir de leurs maladies; suivie des Ordonnances de police sur le port d'armes de chasse, la louveterie; les formules des procès-verbaux qui doivent être dressés par les gardes-chasses forestiers et champêtres; par une Société de chasseurs; ornée de figures et de trente fanfares en air notés. Un gros vol. in-12. 1823 . . . . 6 fr.

LE MANUEL DU PARFAIT BOUVIER, ou l'*Art de connaître les Bestiaux;* par une Société d'Agriculteurs. Un vol. in-12, orné de planches. . . . . 3 fr.

LE NOUVEAU SECRÉTAIRE UNIVERSEL POUR TOUTES LES SCÈNES DE LA VIE, ou *le Code épistolaire,* contenant modèles de lettres d'amour, de mariage, de galanterie, pour baptême, décès, enterremens, deuil, successions, héritages, voyages, promotions, destitutions, messages et poulets entre amans; lettres de félicitation, condoléance; placets au roi, aux princes, aux ministres; Correspondance de banque, de commerce, d'administration civile et militaire, etc. Un gros vol. in-12, fig. . . . 4 fr.

Art. 221, Code de Pr. civ.	Au juge—commissaire en inscription de faux incident pour faire ordonner l'apport de la minute de la pièce arguée par le dépositaire.
Art. 259.	Au juge commis pour procéder à une enquête, à l'effet d'obtenir son ordonnance, indiquant le jour et l'heure pour lesquels les témoins seront assignés.
Art. 297.	Au juge commis pour faire une descente sur les lieux, à l'effet d'obtenir son ordonnance, portant l'indication des jour, lieu et heure.
Art. 307.	Au juge commissaire pour demander son ordonnance, à l'effet de faire prêter serment aux experts convenus ou nommés d'office.
Art. 403.	En cas de désistement de la demande pour obtenir l'ordonnance du président, afin de rendre la taxe de frais exécutoire.
Art. 354.	Au juge commis pour entendre un compte, à l'effet d'obtenir l'ordonnance fixant le jour et l'heure de la présentation.
Art. 617.	A fin de permission de vendre les meubles saisis exécutés, dans un lieu plus avantageux que celui indiqué par la loi.
Art. 780.	Pour faire commettre un huissier, à l'effet de signifier le jugement portant contrainte par corps.
Art. 808.	A fin d'assigner extraordinairement en référé, si le cas requiert célérité.
Art. 819.	A fin de saisir—gager à l'instant les meubles et effets garnissant les maisons et fermes.
Art. 822.	A fin de permission de saisir les effets de son débiteur forain, trouvés en la commune qu'habite le créancier.
Art. 832.	A fin de faire commettre un huissier pour notifier le titre du nouveau propriétaire aux créanciers inscrits. A fin de faire commettre un huissier, à l'effet de notifier la réquisition de surenchère.
Art. 976.	Au juge—commissaire en partage et licitation, à l'effet d'obtenir son ordonnance pour citer les autres parties à comparoître par—devant lui.
Art. 467. Code civil.	Au procureur-impérial pour faire désigner trois jurisconsultes, sans l'avis desquels le tuteur du mineur ne pourra transiger.

LE PARFAIT

MARÉCHAL-EXPERT.

LE CHEVAL DERWICH.

LE NOUVEAU
MARÉCHAL EXPERT

ou

l'Art de connaître le Cheval
— et ses Maladies. —

TRAITÉ COMPLET

de toutes les Connaissances Anatomiques
de ce noble Animal, & de la Profession

DU MARÉCHAL FERRANT

Extrait des meilleurs Ouvrages de l'École
Vétérinaire d'Alfort, de MM. Lafosse,
Guersaut & autres Professeurs Célèbres.

Orné de Gravures Explicatives.

Paris,

CORBET Aîné, LIBRAIRE,
Quai des Augustins N° 61.

— 1824 —

LE PARFAIT
MARÉCHAL-EXPERT,

OU

L'ART DE CONNAITRE LES CHEVAUX.

MANUEL CLASSIQUE, propre à l'Instruction de l'Écuyer, du
MARÉCHAL-FERRANT, du Fermier et des Gens du monde,
contenant un Précis de Leçons d'équitation et de manége, des Maladies du cheval ; des Moyens de guérison ;
des meilleures Méthodes de FERRURE, etc., etc.; d'après
les Ouvrages élémentaires de l'École royale Vétérinaire
de Charenton, de MM. de la Guérinière, le baron
de Sind, de Lafosse, Joanni, Brugnone, Boussanelle,
Bourgelat, etc., etc.

ORNÉ DE SIX GRAVURES.

« Voyez ce fier coursier, noble ami de son maître,
» Son compagnon guerrier, son serviteur champêtre ;
» Il prévient l'éperon, il obéit au frein,
» Fracasse par son choc les cuirasses d'airain,
» S'enivre de valeur, de carnage et de gloire,
» Et partage avec nous l'orgueil de la victoire. »

DELILLE, *les trois Règnes.*

NOUVELLE ÉDITION.

Prix : 3 francs.

A PARIS,

CHEZ CORBET AINÉ, LIBRAIRE,

QUAI DES AUGUSTINS, N° 61.

1824.

INTRODUCTION.

~~~~~~~~~~~~~

Il existe déjà, sans contredit, d'excellens ouvrages sur l'art de connaître les chevaux et leurs maladies, de les guérir, de les monter, de les ferrer : la science du frein, l'art de se servir du mors, ont été poussés au plus haut degré de perfection par MM. *Franconi*, réputés, à juste raison, pour être les plus habiles écuyers de l'Europe; ensuite, l'École Royale Vétérinaire de Charenton offre des élémens classiques, par M. *Bourgelat*, directeur et inspecteur de ladite école, d'un mérite incontestable. Plus anciens, MM. *de la Gué-rinière*, *le Baron de Sind*, *Gioanni Brugnone*, *Boussenelli*, *de la Bessée*, *de Lafosse*, *etc.*, *etc.*, nous ont laissé les meilleures doctrines, soit sur l'art de connaître le cheval sous sa première forme ostéologique, soit sur les procédés les mieux raisonnés touchant la ferrure, la partie médicale, les diverses races de chevaux, et les moyens les plus prompts pour guérir ou prévenir leurs maladies (car de tous les animaux, malgré sa force et sa vigueur, c'est peut-être le plus délicat); mais quelques-uns de ces divers ouvrages et auteurs, d'abord, sont un peu surannés, et la plupart fort longs. Les uns et les autres ne laissent pas d'être estimés; mais, si ce n'est l'*Essai historique et pratique sur la ferrure*, à l'usage des élèves des Écoles royales Vétéri-

naires, par M. *Bourgelat*, tous les autres ouvrages rebutent quelquefois le
lecteur, attendu, premièrement, qu'ils
ne se présentent plus sous la forme
typographique moderne; secondement
qu'ils n'arrivent pas de suite au fait,
et obligent par leurs longueurs à perdre souvent de vue, dans des explications trop détaillées, le principal objet qui faisait le texte de l'article. Une
troisième raison, plus forte que ces
deux premières, c'est l'épuisement total
des éditions des ouvrages de ce genre ;
les exemplaires en sont devenus très-
rares; on n'en fait pas, d'ailleurs, de
réimpression, et la profession de l'é-
cuyer, du maréchal-ferrant, sans livres
théoriques, réduite à ses doctrines pratiques, se trouve aujourd'hui pri-
vée d'un manuel élémentaire d'une
utilité et d'un usage indispensables. Ces

*a**

différentes considérations nous ont décidé à mettre au jour un PRÉCIS rapide
de l'art de l'Écuyer, de l'état du *Maréchal-ferrant*; et étendant nos leçons
jusqu'à la partie rurale, dans laquelle les
chevaux ont un emploi si important,
nous avons voulu que le fermier pût
trouver également dans cet ouvrage
des instructions justes et laconiques
touchant la guérison de ses chevaux de
charrue. L'homme du monde encore
y puisera des leçons d'agrément et d'u-
tilité. On n'a pas toujours sous la main
un maréchal-ferrant, un artiste-vétérinaire; il faut donc, au besoin, pouvoir
se passer de leur ministère : car combien de superbes chevaux ont péri faute
du remède le plus simple !... Pourquoi
n'aurait-on pas d'ailleurs en voyage,
dans une caisse, une petite pharmacie
propre à parer aux principaux acci-

dens? ensuite des fers de rechange, des clous et les instrumens nécessaires pour remédier à quelque particularité de la ferrure? — Ce surcroît de soins peu dispendieux vous tirerait souvent des plus grands embarras.

Nous ne ferons pas ici l'éloge du cheval; Linné, Buffon, Delille, ont en prose et en vers immortels payé un juste tribut de louange à ce précieux animal qui, chez les Arabes, a même des titres de noblesse et une illustre généalogie; nous ne parlerons que de son utilité, car ne faudrait-il pas des volumes pour vanter ses qualités, son instinct belliqueux et ses travaux! On le voit dans la plus haute antiquité partager la gloire des plus grands hommes et s'immortaliser avec eux. Le nom de Bucéphale est inséparable de celui d'A-lexandre; est-ce le lieu de dire ici que ce noble animal naquit d'un coup du trident de Neptune, et qu'on l'encensa dans la Grèce? Bref, depuis la cavalerie macédonienne jusqu'à nos jours, le cheval a souvent décidé de la victoire: il est docile à nos jeux, à nos paris, à nos caprices; favorise l'impatience d'un amant au rendez-vous, traîne le riche dans un char brillant, approvisionne les grandes villes, sert à leur luxe, à leurs besoins, et sous tel rapport que vous l'envisagiez, même après sa mort, il est presque le second acteur de la vie.

Après cette légère digression, revenons à notre plan, et renfermons-nous dans le but à peu près unique d'utilité, que nous nous sommes tracé, ayant divisé notre ouvrage en sept points principaux:

1°. L'ART DE CONNAÎTRE LE CHEVAL, SES MALADIES, ET LES MOYENS DE GUÉRISON.

2°. La Dentelure.

3°. Expériences et Observations sur la morve.

4°. Hypposteologie ou Traité des os du cheval.

5°. La Ferrure.

6°. L'art du manége pris dans ses vrais principes.

7°. Et enfin, des opérations de chirurgie.

Nous les traiterons successivement dans cet ordre, et garantissons d'avance les sources classiques où nous avons puisé nos assertions. Pour plus de clarté, nous avons appliqué à divers de nos sujets des *planches* ou *gravures* avec un ordre de numéros renseignant les explications anatomiques que nous donnons; enfin nous n'avons rien négligé pour faire du Parfait Maréchal-Expert (du moins autant que le

cadre étroit dans lequel nous nous sommes resserré nous l'a permis), un
MANUEL PRÉCIEUX qui pût être estimé
des praticiens, et satisfît aux premiers
besoins de leur art.

LE PARFAIT MARÉCHAL-EXPERT.

CHAPITRE I.

Connaissance du Cheval..

Aɪɴsɪ que nous l'avons déjà fait entendre, nous ne nous arrêterons pas à faire l'éloge de ce précieux animal, il n'est personne qui n'en admire la beauté et l'utilité. Hâtons-nous de le faire connaître physiquement.

PARTIES EXTÉRIEURES DU CHEVAL.

L'extérieur du cheval se divise en avant-main, en corps et arrière-main.

L'avant-main est composée de la tête, du cou, du garrot, du poitrail, et des jambes de devant.

Dans la tête, on considère la nuque, le toupet, les oreilles, les tempes, le front, le zigoma, les salières, les yeux

1

(dans lesquels on distingue le grand et le petit angle, les paupières, les cils et l'onglet), le chanfrein, les joues, les naseaux, la bouche, la lèvre supérieure, la lèvre inférieure, la commissure des lèvres, les avives ou glandes parotides, la mâchoire inférieure, le menton et la ganache.

Le cou comprend la crinière et le gosier..

Le poitrail est formé du devant de la poitrine et de la fossette.

Les jambes de devant sont composées chacune de l'épaule, du bras, du coude, de l'avant-bras, de la châtaigne, du genou, du canon, du tendon, appelé vulgairement *nerf*; du boulet, du fanon, de l'ergot; du paturon, de la couronne, de la muraille, de la pince, des quartiers des talons, de la sole de la pince, de la sole des talons, et de la fourchette.

Le corps est composé de la poitrine et du ventre.

La poitrine est composée du dos et des côtes.

Le ventre est composé des reins, des flancs, de la verge et du fourreau dans les chevaux, et des mamelles dans les jumens.

L'arrière-main comprend la croupe, les hanches, les fesses, le tronçon de la queue, le fouet de la queue, l'anus, le vagin dans les jumens, les aines, la cuisse, le plat de la cuisse, le grasset, la jambe, le jarret, la châtaigne, le canon, le boulet, le fanon, l'ergot, le paturon, la couronne, la muraille, la pince, les quartiers, les talons, la sole de la pince, la sole des talons et la fourchette.

On peut reconnaître chacune de ces parties dans la figure 17, planche 1ère de ce volume, dont voici l'explication :

A. Mâchoire supérieure. Front 1 et 2, toupet 3, nuque 4, oreille 5, tempes 6, salières 7, zigoma 8, chanfrein 6 9, conduit du nez 9, nazeaux 10, grand angle de l'œil 11, petit angle de l'œil 12, paupière supérieure 13, paupière inférieure 14, bout du nez 15, lèvre supérieure 16, bouche 17.

B. Mâchoire inférieúre. Joue 18, ganache 19, angle de la mâchoire inférieure 20, glandes parotides ou avives 21,
lèvre inférieure 22, menton 23, commissure des lèvres 24, gosier 25, crinière 26, encolure 27, cou 28, fossette
29, étendue du poitrail 30, partie ma-
jéure du poitrail 31, étendue de la situation de l'épaule 32, étendue du bras 33,
articulation du bras avec l'épaule 34,
coude 35, avant-bras 36, articulation
du bras avec l'avant-bras 37, châtaigne
38, genou 39, canon 40, tendon appelé
vulgáirement *nerf* 41, boulet 41 et 42,
paturon 43 et 47, partie postérieure du
boulet 44, fanon 45, ergot 46, sabot 48,
muraille de la pince 49, murailles des
quartiers 50, murailles des talons 51,
garrot 52, dos 53, reins 54, côtes 55,
bas-ventre 56, flanc 57, partie inférieure
du poitrail 58, croupe 59, fourreau 60,
fesse 61, cuisse 62, jambe 63, grasset
64, jarret 65, pointe du jarret 66, tronçon de la queue 67, fouet de la queue 68.

Figure 18, *méme planche*, parties

de l'œil. Poils qui environnent l'orbite 1, paupière supérieure 2, cils de la paupière supérieure 3, grand angle 4, caroncule lacrymale 5, onglet 6, paupière inférieure 7, cils de la paupière inférieure 8, petit angle 9, cornée transparente 10, cornée opaque 11.

CHAPITRE II.

Considérations sur le Cheval.

Lorsqu'on achète un cheval, il faut faire attention à l'âge, à la vue, à la force. Le cheval de selle doit avoir les épaules plates et mobiles ; le cheval de train doit les avoir grosses, rondes et charnues.

Il est quelquefois très-difficile de connaître les défauts que les chevaux ont dans les yeux. Une prunelle petite, longue et étroite, couronnée d'un cercle blanc, désigne un mauvais œil ; lorsqu'il est d'un

bleu verdâtre, la vue est certainement
trouble, et le cheval ne tarde pas à la
perdre entièrement. Pour qu'un œil soit
sain, il faut voir à travers la cornée deux
ou trois taches noirâtres au-dessous de la
prunelle; et pour qu'on aperçoive ces
taches, il faut que la cornée soit claire
et transparente. Mais avant d'aller plus
loin dans nos détails, puisque nous si-
gnalons les défauts et les qualités du cheval, certes c'est bien ici le cas de faire
connaître les diverses fraudes des maquignons en foire. Un homme averti en vaut
deux; et être prévenu sur une ruse, c'est
être déjà muni des moyens d'en découvrir
bien d'autres, si toutefois il est possible
d'indiquer toutes les fourberies, toutes
les finesses inconcevables des maquignons. Ce sera peut-être la seule partie
comique d'un ouvrage qui, certainement, n'admet aucun genre de gaîté.

Pl.

LE CHEVAL ———— AU REPOS.

CHAPITRE III.

Ruses des Maquignons.

Il est bien convenu qu'il est indispensable de bien examiner un cheval avant de l'acheter, pour ne point être trompé, vu que ce précieux animal est sujet à une infinité de maladies, parmi lesquelles il y en a qui le mettent ou tout-à-fait hors d'état de service, ou le rendent de presque nulle valeur. Mais vous avez beau ouvrir de grands yeux ; la profonde combinaison des stratagèmes vous dérobera souvent tous les défauts, et vous êtes attrapé, sans que vous ayez jamais pu pénétrer comment. Il est vrai qu'il y a certaines maladies, telles que la morve, qu'on pourrait appeler *contagions légales*, c'est-à-dire sous la prohibition des lois, et qui par-là vous donnent le droit de rompre le marché, et même

d'attaquer en justice votre fraudeur ;
mais combien aussi de petits délits qui
échappent à la justice dans cette partie
du commerce !.. il faudrait centupler
le nombre des tribunaux pour juger
toutes les déloyautés, toutes les trom-
peries du maquignonage.

« L'art des maquignons, dit *M. de*
» *Garsault*, n'est autre chose que d'a-
» cheter de mauvais chevaux à bon
» marché, et de les réparer et *refaire*,
» de façon qu'ils puissent fasciner les
» yeux du public, et vendre leurs
» chevaux beaucoup plus cher qu'ils
» ne les ont achetés. »

Il faut, pour s'assurer de n'être point
trompé par ces Messieurs, en achetant
un cheval, examiner, comme j'ai dit,
méthodiquement, toutes les parties l'une
après l'autre, et ne point faire comme
font la plupart de ceux qui achètent des
chevaux, qui ne tiennent aucune règle
dans leur examen, et sautent de la tête
à la croupe, et de la croupe reviennent
au train de devant, sans avoir regardé

avec attention toutes les parties de l'arrière-main : en agissant ainsi, on ne peut pas manquer d'oublier bien des choses, et c'est alors qu'un fin maquignon fait bien ses affaires; car, s'apercevant de votre peu de méthode, il ne vous laissera voir, s'il fait bien son métier, que les parties les mieux constituées et les plus saines. Par exemple, quand vous vous avancerez pour visiter les yeux d'un cheval qui ne seront pas trop bons, pour vous en distraire il vous fera remarquer, en faisant en même temps tourner le cheval, qu'il a une queue superbe, et qu'il la porte on ne peut mieux ; et si ce sont les jarrets que vous voulez visiter, et qu'il n'ait pas envie que vous vous y arrêtiez, il vous dira qu'aucun cheval au monde n'a mieux manié ses épaules, et pour preuve, il vous le fait marcher, et vous fait ainsi admirer le mouvement libre de ses épaules, quand vous étiez au moment de visiter ses jarrets ; et comme vous ne gardez nulle méthode dans votre examen, il vous paraît d'abord égal de

voir une chose ou l'autre la première ;
d'ailleurs on se croit toujours à temps
d'y revenir ; ensuite cela passe de la mémoire ; on l'oublie, et on est *enrossé* ;
il ne faut pas dire alors qu'on est assez
bête pour donner dans ce paneau ; j'en
ai vu qui se croyaient bien fins, et qui
y ont été souvent attrapés. J'ai vu, entr'autres, vendre un cheval entièrement
déferré d'un œil, et quelquefois des deux,
à une personne qui se croyait beaucoup
de connaissance en chevaux, et qui ne
s'en aperçut que quand le cheval acheté
et bien payé était déjà dans son écurie.
Plus d'un maquignon vous dit alors avec
ironie : *Faites-le voir, Monsieur, seulement, et je le garantis de tout défaut.*
Ainsi, n'oubliez jamais, quand vous
acheterez un cheval, de passer méthodiquement en revue toutes ses parties,
dont j'ai déjà fait la description analy-
tique dans le Chapitre Ier intitulé *Connaissance du Cheval*, que je vais ré-
péter ici, en y appliquant à chacune les
diverses fourberies des maquignons.

LA NUQUE I.

Les maquignons coupent dans cet endroit la peau de la largeur d'un pouce, ensuite la cousent ensemble, graissent la partie, et l'opération est faite. Ils font cela pour relever les oreilles aux chevaux qui les ont pendantes ; mais cela ne dure que quelques mois, ensuite la peau se relâche et les oreilles retombent comme auparavant. C'est la première partie du cheval qu'on examine ; il faut passer le doigt sur la nuque, si l'on ne veut point être trompé ; si le cheval se laisse manier les autres parties de la tête, et qu'il fasse difficulté de se laisser toucher en cet endroit, défiez-vous-en, et ne l'achetez point, surtout si c'est un cheval fin, que vous n'y ayez touché.

LES OREILLES 2.

On les arrange de deux façons :

1°. On les coupe quand elles sont trop longues, et il n'y a pas grand mal, si l'opération est bien faite.

2°. Les maquignons grossiers en Allemagne y mettent des cornets de papier dedans pour les faire tenir droites ; cette méthode est si usitée dans ce pays, que souvent sur cent chevaux que l'on me présentait, il y en avait vingt qui avaient des cornets dans les oreilles : pour cela il n'y a qu'à y regarder, et l'on s'en aperçoit aussitôt.

LE TOUPET 3.

C'est cette partie de la crinière qui se trouve au-dessus de la tête ; qui passe entre les deux oreilles, et vient couvrir le front : les maquignons s'en servent quelquefois pour couvrir la marque du bouton de feu, qu'un maréchal ignorant aura, très-mal-à-propos, appliqué sur cet endroit, à un cheval qui aura eu le vertigo. Il ne faut donc pas oublier de relever le toupet, pour voir s'il n'y a point de marques, car il ne serait pas agréable d'acheter un cheval qui aurait eu le vertigo, et de le payer tout aussi cher que s'il n'avait jamais rien eu ; ce qui ne manquera pas de vous arriver, si le marchand s'aperçoit que vous n'y avez rien connu.

LE FRONT 4.

Les maquignons font souvent de fausses pelotes ou étoiles artificielles sur cette partie :

1°. Parce que cette marque donne un air plus gai, plus brillant, au cheval ;

2°. Pour bien appareiller les têtes de deux chevaux de carosse, dont l'une a une pelote et l'autre point. Ils s'y prennent de différentes façons pour cela ; la plus aisée est celle-ci :

Ils prennent une rave plus grosse ou plus petite, selon la grandeur de la marque qu'ils veulent imprimer, la font cuire sous les cendres, et lorsqu'elle est assez cuite, ils la retirent du feu, la coupent en deux, et la tenant avec une paire de pincettes, l'appliquent aussi chaude qu'il est possible, sur le front du cheval, auquel ils ont préalablement arraché les poils, et ils réitèrent cette opération, s'il le faut, deux ou trois fois ; ensuite ils frottent la plaie avec de la graisse de blaireau ou de

Taisson : ils se servent aussi quelquefois
de la pierre ponce , qu'ils passent à l'endroit où ils veulent faire venir les poils
blancs; ils frottent avec cette pierre
jusqu'à ce qu'ils en aient emporté les poils
et la peau ; ensuite ils graissent la plaie
comme ci-dessus , ou avec quelqu'autre
onguent, et cela ne manque presque jamais de réussir.

Ce ne serait pas un grand mal, quand
même, sans s'en apercevoir, on achèterait
un cheval avec une fausse pelote ; cependant il est très-aisé de la connaître,
si on y regarde bien, 1°. en ce que les
poils des fausses pelottes sont toujours
plus longs que ceux des pelotes naturelles; 2°. parce que la plaie se refer-
mant, il y reste toujours au milieu un
petit endroit où le poil manque.

LES SALIÈRES 5.

Les salières creuses dénotent , dit-on,
un cheval vieux, ou bien un cheval qui
a été engendré par un vieux étalon ; mais
outre cela elles défigurent aussi un peu

un cheval : les maquignons n'ont pas
manqué de chercher un moyen pour faire
disparaître ces creux. C'est en Normandie que j'ai vu pour la première fois
cette manœuvre. Un garçon qui avait
long-temps servi des marchands de chevaux, vint s'offrir à moi pour en conduire quelques-uns que j'avais achetés à
la foire de Caen ; et en ayant, entre autres, acheté un qui était fort beau, mais
qui se trouvait précisément avoir des
salières enfoncées, je dis, en le remettant
à ce garçon pour le mener à l'écurie, que
c'était dommage que ce cheval n'eût pas
des salières bien fournies. — Oh ! à cela
ne tienne ! me répondit-il, et une heure
après, je vis mon cheval avec des salières
bombées et superbes. Voici comme il s'y
prenait : avec une épingle il piquait au
centre la peau de la salière, qu'il per-
çait de six lignes de profondeur, ensuite
appuyant ses lèvres dessus, il y soufflait
de toutes ses forces ; bientôt la peau s'é-
levait si fort en cet endroit, que son creux
surpassait même de quelques lignes l'os

du bassin de la salière. La chose est d'autant plus aisée à faire, que le cheval n'est
point du tout sensible en cet endroit,
car il ne remue pas seulement, quand
on lui enfonce l'épingle : cela ne dure cependant que quelques jours, ensuite les
creux reparaissent insensiblement ; mais
c'en est bien assez pour les maquignons,
qui ne s'étudient à autre chose qu'à
épier les momens d'attraper leurs dupes.

Voici maintenant comment on s'aperçoit si une salière a été soufflée : en ce
que l'air, qui agit toujours où il trouve
la moindre résistance, pousse davantage
le cuir au centre de la salière, qui résiste moins que les bords qui tiennent
à l'os du bassin, ou temporale, et cela
fait qu'une salière soufflée forme toujours un convexe ou demi-globe au centre, et laisse tout à l'entour, en dedans
du bassin de la salière, un petit cercle
creux qui décèle la ruse des maquignons.

LES YEUX 6.

Plusieurs personnes croient que l'œil
est la partie la plus difficile à bien con-

naître dans un cheval; mais ils se trompent. Nous ferons bientôt voir que tout dépend de savoir bien placer le cheval que l'on veut examiner.

Quant aux maquignons, ils n'ont ici que des tours bien grossiers à vous jouer. Comme ils ne peuvent point changer les mauvais yeux de leurs chevaux, que font-ils? D'abord, ils tâchent de vous distraire au point de vous faire oublier de les visiter, et cela leur réussit quelquefois; ensuite, ils vous placent le cheval si désavantageusement, qu'il est impossible d'y rien voir. De plus, à ceux qui n'ont pas de meilleurs moyens pour connaître si les yeux d'un cheval sont bons ou non, que d'y passer la main devant ou de tenir une paille entre leurs dents; qu'ils approchent insensiblement de l'œil du cheval pour voir s'il remue, et juger par ce mouvement de l'état de sa vue; à ceux-là j'ai vu des maquignons qui, sans faire semblant de rien, au moment où ces bonnes gens approchaient ou la main ou la paille des yeux du cheval, le piquaient avec la pointe d'un clou

qu'ils tenaient caché dans leur gant, et
qu'ils appuyaient comme par distraction,
ou sur le jarret, ou sur le dos du cheval,
qui, se sentant piquer, donnait un coup
de tête qui faisait croire à mes nigauds
que c'était l'effet de l'objet qu'ils approchaient de l'œil du cheval, et se laissaient
ainsi grossièrement attraper. Mais par
ma méthode on ne tombera guère dans
le premier inconvénient, qui est celui
d'oublier d'examiner une partie aussi
essentielle qu'est la vue dans un cheval;
on ne tombera pas davantage dans le
second inconvénient, car il n'y a que les
plus ignorans qui s'avisent d'approcher
ou la main ou la paille de l'œil du cheval, pour juger s'il est bon ou mauvais.
Il ne reste donc plus qu'à savoir comment
il faut placer un cheval, pour pouvoir
bien lui examiner les yeux. Les maquignons, ici, ne manqueront pas de vous
placer un cheval qui n'aura pas une vue
parfaite, de façon qu'une lumière égale
l'environne de tous côtés, et cela, afin
d'empêcher le jeu de la prunelle, qui
seul doit vous faire connaître si un œil

est bon ou mauvais. Ainsi, ayez soin , pour un cheval que vous voulez acheter, que le grand jour le frappe dans les yeux et l'obscurité derrière : alors vous observerez si les yeux sont bons ; la prunelle qui au grand jour se resserre en un point assez petit, à mesure que vous tournerez la tête du cheval vers l'obscurité, se dilatera jusqu'à paraître trois ou quatre fois plus grande qu'elle n'était ; ramenant encore insensiblement la tête du cheval vers la lumière, la prunelle se resserrera de nouveau , et si ces mouvemens de dilatation et de resserrement ne s'ensuivent pas, c'est une marque que l'œil ne vaut rien ; et quand même il y verrait encore, il ne faut pas l'acheter, car il ne tardera pas à perdre entièrement la vue.

LES JOUES 7.

Il faut faire attention à ce que les joues ne soient pas trop épaisses ou charnues, car des joues trop chargées de chair rendent ordinairement la tête du cheval pesante à la main. Ensuite, ces sortes de

2*

chevaux sont quelquefois sujets aux fluxions des yeux.

L'ANGLE DE LA MACHOIRE INFÉRIEURE 8.

Quand l'angle formé par les deux os de la mâchoire inférieure est trop petit, il empêche le cheval d'y loger son gosier entre deux, et cela fait qu'il porte le nez au vent. Il est très-essentiel de manier cette partie du cheval pour voir s'il n'y a point de glandes, car alors ce pourrait être un indice de morve, surtout si le cheval n'est plus d'un âge à jeter la gourme; et il ne faut pas croire que, parce qu'il ne jette pas des matières par le nez, ces glandes ne soient d'aucune conséquence ; point du tout, car les maquignons encore ne sont pas embarrassés de trouver les moyens d'empêcher un cheval morveux de jeter pour quelque temps, en leur seringuant dans les naseaux des injections fortes et astringentes, tels que l'eau de chaux ou bien de vitriol, ou de l'alun dissous dans de l'eau, dans le vinaigre ou l'esprit-de-vin. Ainsi, tenez-vous bien sur vos gardes, sinon vous y serez attrapé.

LE CHANFREIN 9.

Le chanfrein, à la rigueur, comprend toute la partie de la tête du cheval qui est entre les sourcils, depuis les oreilles jusqu'au nez.

Les marchands de chevaux peignent quelquefois le chanfrein d'un cheval de carosse, afin qu'il soit mieux appareillé avec un autre auquel ils l'accouplent ; mais il faut être bien dupe pour s'y laisser prendre. D'autres fripons ayant volé un cheval blanc ou bai-brun, iront jusqu'à le peindre entièrement en noir jais, afin de déguiser complètement leur larcin ; ils emploient à cet effet les acides et les caustiques les plus mordans. La fausse couleur résiste à l'eau pendant plus d'un mois. Ce trait de friponnerie a souvent lieu en Angleterre.

LES NASEAUX 10.

Les naseaux doivent être minces et bien ouverts, afin que le cheval puisse respirer à son aise. Comme les chevaux qui se mouchent bien, passent pour être sains et vigoureux, les maquignons, au

moment qu'ils les sortent de l'écurie pour
les faire voir, leur poussent du poivre,
du tabac ou du sel, dans le nez, afin de
les provoquer à se moucher : ainsi pour
peu que ce mouchement soit réitéré, il
faut passer un de vos doigts dans les naseaux, et vous connaîtrez s'ils y ont mis
quelque chose, surtout si c'est du tabac
ou du poivre, il s'attachera à votre doigt;
et s'ils y ont mis du sel, il en découlera
quelquesgouttes comme d'une eau très-
claire.

LA BOUCHE II. (1)

Pour peu qu'un cheval ait une belle

---

(1)« La bouche du cheval, dit le plus savant
» des naturalistes, M. de *Buffon*, ne parais-
» sait pas destinée par sa nature, à recevoir
» d'autres impressions que celles du goût et de
» l'appétit; cependant elle est d'une si grande
» sensibilité dans le cheval, que c'est à la bou-
» che par préférence, à l'œil et à l'oreille, que l'on
» s'adresse pour transmettre au cheval les signes
» de la volonté; le moindre mouvement ou la plus
» petite pression du mors suffit pour avertir et
» déterminer l'animal, et cet organe de senti-
» ment n'a d'autre défaut que celui de sa per-
» fection même. Sa trop grande sensibilité veut

bouche, il faut qu'elle ne soit ni trop ni trop peu fendue; il paraît d'abord presque impossible que les maquignons puissent encore parvenir à cacher en partie ces défauts aux yeux de l'acheteur; cependant comme ils ne restent jamais court en rien, voici comment ils s'y prennent pour cela : ordinairement, à un cheval qui a une bouche trop fendue, on donne un mors dont l'œil du banquet est fort bas, afin que la gourmette ne porte pas trop haut; mais les marchands de chevaux, surtout à Paris, font le contraire; ils mettent aux chevaux qui ont la bouche trop fendue, un mors avec l'œil du banquet fort haut, et allongent la gourmette tant qu'ils peuvent; cela fait croire à ceux qui ne regardent pas bien attentivement, que le cheval n'a pas la bouche trop fendue; *et vice versâ*, aux chevaux qui ont la bouche trop peu fendue, à qui

---

» être ménagée, car si on en abuse, on gâte la » bouche du cheval en la rendant insensible à » l'impression du mors.» (BUFFON, Hist. nat., tome 4, page 186.)

ils devraient donner des mors avec l'œil
du banquet haut, ils leur en mettent qui
l'ont très-bas, avec une gourmette fort
courte; ensuite tirent les porte-mors tant
qu'ils peuvent, cela fait paraître la bouche du cheval un peu plus fendue de ce
qu'elle n'est en effet : ainsi si c'est un
cheval fin et de grand prix que vous
vouliez acheter, il faut lui faire ôter la
bride pour bien voir s'il a la bouche
belle, c'est-à-dire ni trop ni trop peu
fendue.

LA LANGUE 12.

Il arrive tous les jours que des gens
sans attention achètent des chevaux à qui
il manque la langue. Les maquignons,
pour cacher ce défaut, se servent d'un
mors auquel ils arrangent au haut de la
liberté de la langue (1), un petit morceau de fer, lequel, quand on veut regarder dans la bouche, en poussant un peu
les branches en haut, pique le cheval au
palais, et fait qu'il s'agite et ne s'y laisse

(1) On appelle la liberté de la langue, la
partie supérieure de l'embouchure du mors.

point regarder : alors ils vous disent que le cheval est difficile ; mais comme il ne faut jamais les écouter, et que ce serait dépenser très-mal son argent que d'acheter un cheval sans langue, il faut lui faire ôter la bride pour tâcher de s'assurer de la supercherie.

LES BARRES 13.

Les bonnes barres sont celles qui ne sont ni trop hautes, ni trop basses, ni trop rondes, ni trop tranchantes : les barres trop rondes ou trop charnues sont très-peu sensibles au mors, et font que le cheval pèse à la main; et si outre cela c'est un cheval qui ait de l'ardeur, il emportera son cavalier, qui ne pourra le retenir; si, au contraire, elles sont trop tranchantes ou trop sensibles, le cheval n'aura aucun appui; battra continuellement à la main; et malheureusement si celui qui le monte n'est pas un habile cavalier, et qu'il lui donne la moindre saccade, le moindre coup de bride, il le fera dangereusement cabrer.

Les marchands de chevaux font ordi-

nairement monter un cheval qui a des
barres ou trop fortes ou trop sensibles,
avec un simple bridon : ils font monter
le cheval qui a des barres trop fortes avec
le bridon, afin, s'il s'emporte, d'avoir
une excuse, et dire qu'il est impossible
de se rendre maître d'un cheval avec un
simple bridon ; et celui qui les a trop
sensibles, afin qu'il soit plus tranquille,
qu'il ne se dresse point, et qu'il ne batte
pas tant à la main ; mais quand on est un
peu connaisseur, on sait distinguer les
bonnes barres tout simplement en les tâ-
tant avec le doigt.

LES DENTS 14.

C'est sur les dents que les maquignons
exercent le plus amplement leur adresse ;
ils les arrachent, ils les scient, ils les
liment, et ils les contre-marquent.

Ils arrachent les dents de lait aux jeunes
chevaux, afin que les autres poussent plus
vite, pour faire croire le cheval plus
vieux d'un an de ce qu'il n'est en effet.

Ils scient ou bien liment les longues
dents des vieux chevaux, pour les faire

paraître plus jeunes. Ils contre-marquent
ces mêmes dents qu'ils ont raccourcies,
ou bien celles de ces chevaux, qui, quoiqu'ils ayent rasé, ne les ont jamais longues; mais pour peu qu'on soit sur ses
gardes, il est bien aisé de ne point s'y
laisser tromper.

1°. On connaît aux crochets si l'on a
arraché des dents à un jeune poulain, car
peu après avoir poussé les mitoyennes,
les crochets d'en-bas percent, et alors le
cheval a quatre ans; ainsi, si l'on voit
les mitoyennes de dessous et de dessus
entièrement dehors, et que les crochets
n'ayent point encore poussé, il est sûr
que les dents de lait du poulain ont été
arrachées; il en est de même si les coins
de dessous et dessus ont poussé, et que
les crochets ne paraissent pas encore.

2°. On connaît les dents qui ont été
limées ou sciées, en ce qu'en un cheval
à qui on a fait cette opération, quand il
a la bouche fermée, les dents de devant
ne joignent plus, parce que les mâchelières, que l'on ne peut limer ni scier, les
en empêchent.

3*

3°. On connaît les contre-marquées, en les examinant attentivement, car on ne les trouve pas aussi blanches qu'elles devraient l'être, et les crochets seront arrondis et jaunes (1). Aux dents on

---

(1) Cet article aurait été trop long, et j'aurais trop long-temps détourné l'attention du lecteur, si j'avais voulu y mettre tout ce qu'il y a à dire sur les dents des chevaux; j'ai mieux aimé faire cette annotation, que l'arrêter trop long-temps sur cette partie du cheval. Mais comme rien n'est plus essentiel que de bien connaître l'âge du cheval que l'on veut acheter, j'y suppléerai ici; et pour parler en même-temps et à l'esprit et aux yeux du lecteur, j'ajoute ici une planche où j'ai fait graver sept mâchoires inférieures et trois supérieures; il faudra jeter les yeux dessus et la suivre bien attentivement, et je promets qu'en moins de deux heures on se mettra en état de connaître, sans qu'il soit possible de se tromper, l'âge d'un cheval depuis sa naissance jusqu'à dix ans, après lesquels il faut recourir à d'autres marques.

Les chevaux ont quarante dents, vingt-quatre mâchelières, quatre canines (qu'on appelle aussi crochets), et douze incisives. Mais les jumens n'ont ordinairement pas les quatre

Pl. 2.

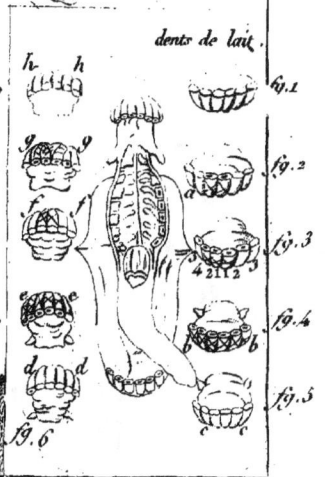

dents de lait.

fig. 10.

fig. 1.

fig. 9.

fig. 2.

fig. 8.

fig. 3.

fig. 7.

fig. 4.

fig. 6.

fig. 5.

connaît encore les chevaux qui tiquent sur la mangeoire, en ce qu'ils ont les dents de dessus usées et en bec de flûte.

dents canines, de façon qu'elles en ont quatre de moins que les chevaux.

C'est aux dents incisives et aux crochets qu'il faut recourir, pour connaître l'âge des chevaux depuis leur naissance jusqu'à leur dixième année. Pour mettre une certaine règle dans ce que je viens de dire, et pour me faire mieux entendre, je commencerai par faire connaître ces dents par leur nom. Voyez la *Planche II* suivante, *Figure* 1ʳᵉ. Elle représente une mâchoire inférieure qui a encore toutes ses dents de lait. Ensuite voyez la 3ᵉ *Figure* : les dents marquées 1, 1, qui sont celles du milieu, s'appellent les pinces; celles marquées 2, 2, qui sont à côté des premières, s'appellent les mitoyennes; celles marquées 3, 3, les coins; et celles marquées 4, 4, les crochets.

Quinze jours environ après la naissance du poulain, les dents de lait commencent à pousser, et à quatre mois et demi elles sont toutes dehors; le poulain les conserve toutes jusques environ trente-quatre ou trente-six mois; ensuite elles tombent successivement les unes après les autres, comme nous le dirons ci-après.

Les dents de lait, *Figure* 1ʳᵉ, on les reconnaît en ce qu'elles sont extrêmement blanches

Comme ces chevaux sont fort incommodes, attendu qu'ils sont quelquefois
sujets aux tranchées, et qu'ils ont encore
l'incommodité de ne pouvoir manger
l'avoine sans qu'il leur en tombe beaucoup de la bouche, ce qui les fait souvent
dépérir, si l'on n'y prend garde, les

---

au-dehors, courtes et sans creux, mais cependant un peu noires au-dessus.

A trente-quatre mois ou trois ans, le poulain
commence à pousser les deux pinces d'en-bas A,
A, *Figure* 2ᵉ, et quelques mois après elles
d'en-haut; à quatre ans, il met bas les mitoyennes 2, 2, *Figure* 3ᵉ de la mâchoire inférieure,
et quelques mois après, celles de la mâchoire
supérieure, et alors il commence à pousser les
crochets 4, 4, *Figure* 3ᵉ; à cinq ans tomber
les coins d'en-bas B, B, *Figure* 4ᵉ; et quelques
mois après encore, celles d'en haut et les crochets de dessus sont tout-à-fait dehors, alors
le cheval a cinq ans accomplis.

Toutes ces dents que nous venons de voir
qui remplacent les dents de lait, sont beaucoup
plus dures que celles-ci, elles sont creuses, et
ont encore une marque noire dans leur conca-
vité; c'est à cela qu'on les distingue des dents
de lait.

A six ans, les pinces d'en-bas C, C, *Figure* 5ᵉ,
commencent à s'emplir et les marques à s'effacer.

maquignons, pour cacher ce défaut aux
yeux des acheteurs, mettent aux chevaux
qui tiquent, quand ils sont à l'écurie,
une longe qui prend à la muserolle du
licou et va s'attacher au ratelier, ou à
un clou qui est dans la muraille, et vous
disent qu'il font cela pour empêcher le
cheval de manger sa litière; et quand ils

A sept ans les mitoyennes inférieures D D, *Figure* 6, s'emplissent et s'effacent à leur tour;
et à huit ans, s'emplissent les coins d'en-bas
E, E, *Figure* 7e; et dans ce temps les pinces
de la mâchoire supérieure F, F, *Figure* 8e,
commencent aussi à s'emplir et à s'effacer. A
neuf ans, les mitoyennes de dessus G, G, *Figure* 9e, s'emplissent et s'effacent à leur tour:
enfin à dix ans les coins H, H, *Figure* 10e,
finissent aussi de marquer, et alors les crochets,
qui étaient d'abord pointus et blancs, commencent à s'arrondir et à jaunir.

Ensuite à mesure que le cheval avance en
âge, la gencive se retire; les dents se décharnent et paraissent beaucoup plus longues. Il y
a des chevaux qu'on appelle *Béguts*, auxquels
la marque des dents ne s'efface point; mais
comme les creux ne laissent pas de se remplir,
cela fait qu'il n'est pas difficile de les connaître.

les sortent, ils ajustent quelque chose au
mors, qui les tourmente, afin qu'ils ne se
laissent point regarder dans la bouche.

LA BARBE. 15.

J'appelle la barbe la partie du menton
du cheval où appuie la gourmette. La
barbe ne doit être ni trop plate, ni trop
épaisse, afin que le cheval ne pèse pas à
la main. Pour connaître cette partie du
cheval, on y passe la main et on la manie.
Dans un cheval de prix, c'est un défaut essentiel qu'une barbe trop épaisse.

L'ENCOLURE 16.

L'encolure est toute cette partie du
cheval qui s'étend depuis la tête jusqu'aux
épaules. Une belle encolure doit être
longue et relevée.

Les maquignons, surtout en Allemagne et en Italie, pour donner de l'encolure à leurs chevaux, les assujettissent
avec un petit cordon qui tient aux deux
yeux du banquet du bridon, et qui
vient passer au coussinet du surfait, et
un garçon tient en même-temps les deux
longes du bridon fort courtes à la main,

et soutient ainsi avec le pouce droit,
qu'il appuie à l'endroit de la barbe, la
tête du cheval, tandis que le maître avec
un long fouet l'anime par derrière : c'est
ainsi qu'ils appareillent les encolures de
deux chevaux de carosse, qu'ils veulent
vous vendre, et qui souvent ne sont pas
mieux assorties ensemble, que ne serait
l'encolure d'un âne qu'on accouplerait
avec un chameau.

En France les maquignons se conten-
tent, pour relever l'encolure des chevaux,
de leur mettre un mors avec de longues
branches qu'un piqueur tient ferme dans
la main, en haussant la tête du cheval
tant qu'il peut, tandis que son maître
lui applique de bons coups de fouet aux
flancs.

LA CRINIÈRE 17.

Une belle crinière doit être longue, fine
et légère, c'est-à-dire qu'elle ne soit pas
trop chargée de crins, surtout pour les
chevaux de selle.

LE GARROT 18.

Il doit être haut et tranchant, c'est-à-dire bien déchargé de chair, et c'est une qualité essentielle, surtout pour les chevaux de chasse.

LES ÉPAULES 19.

Les épaules doivent être peu chargées de chair, et avoir un mouvement libre ; tout cheval qui sera chargé d'épaule et qui rasera le tapis, bronchera à tout moment : il ne faut pas non plus qu'elles soient trop serrées, ou, comme on dit, chevillées, car alors le cheval se coupe, se croise, et souvent en galopant il s'abat.

LES COUDES 20.

Il y a des chevaux à qui il croît une loupe à la pointe du coude : cela provient de ce qu'ils se couchent mal, c'est-à-dire qu'étant couchés, leur coude appuye sur le fer (1) ; ces sortes de chevaux, il faut les ferrer court et sans crampon. Il y a différentes façons d'emporter ces loupes (2) : on les perce avec un bouton

---

(1) On appelle cela coucher en vache.

(2) Voy. M. de LAFOSSE, *Guide du Maréchal*, chap. VII, Des Tumeurs sarcomateuses, art. 1, pag. 202, édit. de Paris, in-4°. 1766.

de feu, on les coupe avec le bistouri, on les consume après les avoir ouvertes avec des caustiques, et c'est ainsi que les marchands de chevaux en usent, quand ils ont quelque cheval qui a des loupes, avant de l'exposer en vente : mais en y touchant on connaît d'abord si un cheval a eu une loupe, et qu'on la lui ait emportée.

LE POITRAIL.

Je ne puis mieux faire, pour bien donner à entendre comment doit être le poitrail du cheval, que de me servir des expressions mêmes, aussi élégantes que justes, de *M. de Garsault.* Un beau poitrail, dit-il, est celui qui est bien à son aise, entre les deux épaules (1).

---

(1) Voici ses propres mots : « Quand on voit le poitrail bien à son aise entre les deux épaules, et que les deux jambes de devant sont éloignées l'une de l'autre d'une distance raisonnable par en haut, on dit : Le cheval est bien ouvert du devant. » Garsault, *Connaissance Générale et universelle du cheval*, chap. IX, pag. 26, édit. de Paris, in-4°. 1745.

L'AVANT-BRAS 22.

L'avant-bras doit être renforcé et nerveux. Il n'est point de marque plus sûre de la force d'un cheval qu'un bel avant-bras.

LES GENOUX 23.

Le genou du cheval doit être rond et souple.

Les genoux sont quelquefois sujets aux capelets renversés, surtout ceux de ces chevaux qui donnent des coups dans la crèche en mangeant leur avoine, ou en chassant les mouches en été, si on n'y fait pas d'abord attention et qu'on n'y remédie pas sur le champ.

Vous trouverez encore des chevaux auxquels il manque du poil sur la pointe du genou(1); il ne faut point les acheter, quoi que puisse vous dire le maquignon, car vous n'achèteriez qu'une rosse. Aux chevaux noirs il faut y regarder plus attentivement qu'aux autres, parce qu'il est si facile de les noircir, qu'il n'y paroîtra rien.

_____

(1) On les appelle chevaux couronnés.

LE CANON DE LA JAMBE 24.

Le canon de la jambe doit être large et plat.

C'est une des parties du cheval qu'on doit examiner avec le plus d'attention.

Les jambes en général sont sujettes à une infinité de maux : dans les plis du genou viennent les malandres, au long du canon il se forme des suros, des fusées et des osselets; derrière, le long du tendon, viennent les crevasses et les queues de rats; à côté des boulets, entre le tendon et l'os du canon, viennent les molettes. Tout cela se voit en y regardant seulement avec un peu d'attention; mais ce à quoi il faut le plus prendre garde, c'est aux jambes roides, car les maquignons ne manqueront pas, avant de vous présenter ces chevaux, de les faire trotter quelque temps pour les échauffer et les dégourdir; si vous vous doutez de cela, faites entrer le cheval un peu avant dans l'eau, et en sortant arrêtez-le un moment, et vous verrez bientôt qu'il ne pourra plus remuer ses jambes.

Ils ont encore l'art de resserrer les molettes, quand elles ne sont pas bien in-
vétérées, et se servent pour cela de l'esprit - de - vin avec du sel, en les frottant
bien ; elles disparaissent pour quelque
temps, mais si l'on fatigue tant soit peu
le cheval, elles reparaissent tout de suite.

LE NERF OU LE TENDON DE LA JAMBE 25.

Il doit être bien détaché, libre et net,
et c'est encore une des parties du cheval à laquelle il faut bien faire attention.

LES CHATAIGNES 26.

Ce sont quatre excroissances d'une corne molle, à-peu-près de la figure et de
la grosseur d'une petite châtaigne , que
tous les chevaux ont dans les endroits que
vous voyez dans la planche 1re. marqués
26 ; ces châtaignes tombent quelquefois
d'elles-mêmes, et d'autres fois on les coupe
si l'on veut, car elles repoussent toujours.

LES BOULETS 27.

Ce sont les quatre jointures qui sont
au bas du canon des jambes.

Les boulets doivent être menus; c'est dans cet endroit que le cheval se coupe, lorsqu'il marche mal, qu'il est faible, mal bâti ou panard.

C'est un grand défaut à un cheval que de se couper, car il sera bientôt estropié et de nulle ressource.

Les maquignons ont grand soin, quand ils ont la moindre route à faire, de bien envelopper les boulets des chevaux qui se coupent, pour qu'ils ne s'emportent point les poils, afin que ceux qui doivent les acheter ne s'aperçoivent pas de ce défaut. Mais les chevaux qui se coupent fort, quoiqu'on les garantisse de s'emporter les poils, ne laissent pas que d'avoir souvent les boulets douloureux, après une longue route qu'ils auront faite, et on s'en aperçoit en les serrant avec les deux doigts de la main : ainsi, quand vous verrez un cheval qui marche serré ou qui se coupe, quoiqu'il n'ait point de poils emportés, défiez-vous-en.

Cependant il ne faut pas vous étonner qu'un cheval se coupe, s'il est jeune et qu'il vienne de faire une longue route; alors, quoiqu'il se soit emporté les poils aux boulets, pourvu qu'il marche bien et qu'il soit bien bâti, vous ne devez avoir aucune difficulté de l'acheter, car en acquérant de la force, il est sûr que le cheval ne se coupera plus.

Les maquignons ont encore la ruse, dès qu'ils arrivent au marché, à la foire, ou à l'endroit où ils veulent vendre leurs chevaux, de faire vîte appliquer à ceux qui se coupent, des fers qui débordent de beaucoup, afin de vous faire croire que le cheval ne s'est coupé que parce qu'il a été mal ferré; leur malice va jusqu'à se servir pour cela de vieux clous, pour qu'on ne s'aperçoive pas que le cheval a été tout fraîchement ferré.

La lie des maquignons use encore du moyen de faire passer le cheval qui se coupe, dans la boue, pour cacher les cicatrices des boulets; alors vous n'avez qu'à faire passer le cheval dans l'eau, et leur fourberie est aussitôt découverte.

LES PATURONS 28.

Le paturon est la jointure qui va du

boulet jusqu'au pied ; là sont réunis les
tendons du pied (1). Le paturon doit
être maigre, renforcé, mais pas trop
long : les plis, ou le dedans des paturons,
sont souvent attaqués de crevasses, de
poireaux, de fics et de javarts, qui sont
fort douloureux dans cet endroit : il faut
y passer le doigt pour sentir s'ils sont
bien nets, ou faire lever le pied du cheval, pour bien examiner s'il n'y a point
de vieilles cicatrices ; et dans ce cas, si
le cheval n'est pas tout-à-fait jeune, il ne
faut pas l'acheter ; car tous ces maux ne
tarderont pas à reparaître, surtout s'il
vous faut marcher dans les boues, ou que
l'on néglige tant soit peu de les tenir
bien propres. Les devants des paturons
sont encore attaqués d'une autre maladie, quelquefois dangereuse, quoi qu'on
en dise, que l'on appelle *forme;* c'est
une tumeur calleuse qui se durcit, et
qui fait souvent boiter le cheval, et que
le plus souvent aussi on ne guérit qu'avec
le feu ; ainsi il faut y bien regarder ; pour

(1) Voy. *Guide du Maréchal,* par M. de
Lafosse, *Planche VII, Figure D.*

moi, de mon côté, je n'aimerois guère
acheter un cheval qui aurait des formes (1).

LES FANONS 29.

On appelle fanon, cet assemblage de
crins qui se trouve à la partie postérieure
des boulets et qui couvre l'ergot.

Les chevaux qui ont les fanons longs
et touffus, n'ont été engendrés que par
des étalons du commun.

Aussi, les marchands de chevaux ne
manquent-ils jamais d'arracher avec des
pincettes les poils aux jambes des chevaux, pour les faire passer pour plus fins
qu'ils ne sont. Combien n'ai-je pas vu
vendre, en France, de chevaux pour
Normands, qui n'étaient pas plus Normands que Turcs! et dans les foires d'Allemagne, combien de chevaux Suisses ne
vend-on pas pour des chevaux du Hols-
tein! Cependant, si on y regarde bien attentivement, on distinguera aisément les

(1) MM. de GARSAULT et de LAFOSSE, semblent ne faire pas grande attention aux formes,
cependant j'ai presque tonjours vu boiter les
chevaux qui en étaient attaqués.

jambes auxquelles on a arraché les poils, et on ne s'y laissera pas attraper.

LES ERGOTS 30.

Ce sont encore des excroissances d'une espèce de corne, que tous les chevaux ont derrière et au bas du boulet, et qui paraît être de la même nature que celles des châtaignes.

LA COURONNE 31.

La couronne est ce rebord qui se trouve au bas de la jointure du paturon, qui borde le haut du sabot ; elle doit être peu élevée.

LE SABOT 52.

« Le Sabot, dit *M. de Garsault*,
» est, pour ainsi dire, l'ongle du cheval ;
» il forme le pied extérieur, et entoure
» l'os qui s'appelle l'os du petit pied ;
» et comme le sabot est rond, sa partie
» de devant s'appelle la pince, les cô-
» tés se nomment les quartiers, et le
» derrière forme deux élévations appe-
» lées les talons. La couronne (continue
» le même auteur) doit être noire,
« unie et luisante, et le sabot doit être

4*

» haut, les quartiers ronds, et les talons
» hauts et larges » (1).

Cette partie du cheval est sujette aux
seimes, qui changent de nom suivant leur
situation. Les maquignons, surtout en
Angleterre, se servent d'un certain mastic pour boucher les fentes des seimes,
qui s'adapte si bien à la corne du cheval,
qu'il est presque impossible de s'en
apercevoir, si l'on n'y regarde bien attentivement; l'eau n'y fait rien, et la pointe
du couteau y entre difficilement (2).

LA SOLE 33.

Une bonne sole doit être épaisse et
concave.

Il se trouve quelquefois des chevaux
à qui il vient des poireaux ou fics sous

---

(1) GARSAULT, chap. I, pag. 6.

(2) Ce mastic, à ce que l'on m'a dit, doit être
composé de poudre de marbre noir, de poix
résine et de cire. J'ai depuis trouvé dans l'Encyclopédie, au mot Mastic, une composition
qui est à-peu-près la même; mais il n'y est
point dit que ce mastic puisse servir à cet
usage.

les soles ; les maquignons les cachent autant qu'ils peuvent sous un fer bien couvert : j'ai pensé une fois y être attrapé moi-même à la foire de Leipsick ; on me présenta un cheval danois, très-beau, qui avait un fic sous la sole du pied gauche de derrière ; mais comme je ne me suis jamais négligé dans l'achat des chevaux, je m'en aperçus et le laissai ; cependant ce cheval fut vendu un moment après à un écuyer, qui le paya quatre-vingts ducats, et qui ne s'aperçut de rien.

LE DOS 34.

Le dos doit être uni, égal, insensiblement arqué sur la longueur, et relevé des deux côtés de l'épine, qui doit paraître enfoncée (1).

Comme c'est l'endroit où l'on place la selle, souvent les maquignons s'en servent pour couvrir un dos blessé ; ainsi, s'il en a une, il faut la lui faire ôter.

LES REINS 35.

Les reins se trouvent placés entre l'extrémité du corps et la croupe.

---

(1) Voy. *Histoire naturelle*, tom 4, pag. 199. in-4°.

Quelquefois on passe le feu sur cette partie qui aura souffert quelque petit effort; alors, quoique le cheval soit bien remis, cela ne laisse cependant pas que d'en diminuer le prix. Les maquignons, pour obvier à ce petit inconvénient, tâchent de cacher sous une couverture, ou bien avec les basques de la veste du piqueur qui le monte, cette marque de feu, aux yeux de l'acheteur; mais ce n'est que les dupes qui s'y laissent prendre, et qui achètent des chevaux sans en examiner bien toutes les parties.

LES CÔTES 36.

Elles ne doivent point être aplaties, car c'est un défaut qui défigure le cheval, qui doit les avoir rondes, et surtout bien proportionnées à sa taille.

LES FLANCS 37.

Les flancs doivent être pleins et courts.

Les maquignons, pour donner de beaux flancs à leurs chevaux, ont contume de leur faire manger de l'avoine avec du sel avant de les faire boire, ensuite ils leur donnent encore du son après avoir

bu: cela fait que les flancs s'emplissent
et paraissent plus courts.

C'est encore aux flancs que l'on connaît si un cheval est poussif ; il faut pour
cela les examiner bien attentivement, et
voir d'abord s'ils ne sont point altérés ,
s'ils battent juste ; si après que le cheval
a trotté, il ne souffle , ni ne tousse point.

On prétend que les maquignons ont le
secret d'arrêter la pousse ; mais je doute
qu'ils aient celui de faire battre un
flanc altéré bien régulièrement ; et c'est
la seule marque à laquelle il faut s'attacher pour connaître si le cheval est sain
ou non.

LE VENTRE 38.

Les chevaux qui ont le ventre de lé-
vrier ont ordinairement beaucoup de feu,
mais mangent peu ; et ceux qui sont ven-
trus mangent beaucoup, travaillent bien,
mais lentement, car ils sont presque tous
paresseux : ils sont excellens pour la
charrette.

LA CROUPE 39.

La croupe est la partie postérieure du
cheval , qui comprend les hanches et le

haut des fesses : elle doit être ronde et bien fournie.

Une croupe avalée défigure le cheval, et une croupe trop étroite désigne souvent peu de force.

LA QUEUE 40.

Le tronçon de la queue doit être épais, ferme et garni de longs crins, sans cependant être trop touffus.

La queue ne doit être encore ni trop haute ni trop bas plantée ; la queue haute défigure le cheval, et ceux qui l'ont bas plantée ont ordinairement les reins faibles.

Les maquignons, pour faire paraître une belle queue à leurs chevaux, en frottent les crins avec de l'huile d'olive; cela leur donne du luisant et les sépare bien les uns d'avec les autres : et pour la leur faire bien porter, ils leur mettent du poivre dans l'anus ; à Londres et à Paris on ne vous montre jamais un cheval, qu'il n'ait son derrière poivré.

L'ANUS 41.

On appelle ainsi l'extrémité de l'in.

testin nommé *rectum*, qui se rétrécit, et se termine par un orifice étroitement plissé.

Il faut lever la queue du cheval pour examiner cette partie, que l'on ne doit point négliger, parce qu'il s'y trouve quelquefois des poireaux et fics, ou des fistules.

LES FESSES 42.

« Les fesses et les cuisses d'un cheval,
» dit *M. de la Guérinière*, doivent être
» grosses et charnues, à proportion
» de la croupe, et le muscle qui paraît
» au-dehors de la cuisse, au-dessus
» du jarret, doit être fort épais, parce
» que les cuisses maigres et qui ont ce
» muscle petit, sont une marque de fai-
» blesse au train de derrière.

»Un cheval dont les cuisses sont trop
» serrées, est, dit-on, mal gigotté. » (1)

LE GRASSET OU GRASSEL 43. (2)

Le grasset ou grassel, est la jointure

---

(1) De la GUÉRINIERE, *École de Cavalerie.*
(2) Voy. *Encyclopédie* au mot Grassel, et M. De la GUÉRINIERE, *École de Cavalerie.*

. 5

placée au bas de la hanche, vis-à-vis des flancs, à l'endroit où commence la cuisse : c'est cette partie qui avance près du ventre du cheval quand il marche.

LES BOURSES ET LE FOURREAU 44.

Les bourses sont cette peau qui enveloppe les testicules du cheval ; et le fourreau, celle qui couvre son membre.

Il faut examiner attentivement l'un et l'autre, parce que souvent on y trouve des fistules, surtout aux chevaux entiers que l'on n'envoie pas quelquefois à l'eau.

Les maquignons, avec une teinture astringente, arrêtent et cachent ces fistules, si bien qu'il n'y paraît rien, surtout si le cheval est d'un poil obscur.

LES JARRETS 45.

Il faut qu'ils soient larges et bien évidés. Les jarrets gras et pleins sont sujets aux soulandres, aux vessigons, aux varices, aux capelets, aux jardons, aux courbes et aux éparvins.

A la vérité, toutes ces tumeurs ne font pas toujours boiter le cheval : les plus dangereuses sont les deux dernières, et il est essentiel de les bien connaître.

Mais un cheval qui a un éparvin qui le fait boiter , souvent après lui avoir échauffé le jarret, ne ressent plus aucune douleur et ne boite plus: comme les maquignons n'ignorent pas cela, vous sentez bien qu'ils ne négligeront pas de faire trotter le cheval qui aura un éparvin, avant de vous le présenter; ainsi tenez-vous sur vos gardes, soit en bien examinant le jarret, soit en passant le cheval dans l'eau, ou en lui laissant refroidir la jambe.

LA POINTE DU JARRET 46.

Est cette partie postérieure du jarret, où croît le capelet.

« C'est une grosseur flottante , dit
» M. de Lafosse, qui n'attaque que la peau
» et ses tissus; ce n'est autre chose qu'un
» épanchement de sérosité. Les causes
» les plus communes sont les coupes. »

Les marchands de chevaux se servent d'esprit-de-vin camphré, avec du sel, pour les faire passer, et ils font très-bien, quand ils y réussissent; mais souvent il n'y a que le feu qui puisse y faire quelque chose.

5*

CHAPITRE VI.

Après avoir examiné les défauts qui affectent les différentes parties physiques d'un cheval, il faut encore avoir attention à ses qualités naturelles, bonnes ou mauvaises.

Dans le chapitre précédent nous avons fait voir quels sont les défauts qui affectent les différentes parties physiques du cheval, et quelles sont les fourberies des maquignons pour les cacher aux yeux des acheteurs. Il nous reste maintenant à dire encore deux mots sur ses qualités bonnes ou mauvaises, car il est aussi essentiel d'y prendre garde, qu'aux défauts mêmes; ainsi, pour faire les choses en règle, on examine d'abord si le cheval que l'on veut acheter, a les qualités qui sont requises pour l'emploi auquel on veut le destiner; par exemple, si c'est un cheval de chasse, on examine s'il a de la légèreté, des jarrets et des jambes qui promettent de la ressource ; si c'est un cheval de manége , s'il a des reins souples et de beaux mouvemens; si c'est un cheval de guerre , s'il a un air robuste, qui le fasse juger capable de soutenir la fatigue, de la légèreté et de la taille ; si c'est un cheval de maître, s'il est d'un poil noble, s'il a un avant-main bien relevé et de beaux crins ; si c'est des chevaux de carosse, s'ils ont du dessous, du poitrail et de l'encolure ; si c'est un étalon , outre toutes les perfections qu'il faut qui soient réunies en lui, on examine encore s'il a une physionomie qui promette de la vigueur; si c'est un cheval de troupe, il faut pour un cavalier un cheval fort épais(1); pour un dragon, un cheval qui ait de la légèreté; et pour un hussard, un cheval leste et de beaucoup d'haleine.

Le bidet doit avoir la tête légère , les jambes renforcées et un bon pas.

Enfin, outre la santé de l'individu, il

(1) Voy. Mémoires sur l'Art de la Guerre , de M. le Comte de SAXE, pag. 42, édit. de Manheim, in-4°., 1757.

faut encore, dis-je, que chaque cheval soit taillé pour être propre au service que l'on pense tirer de lui.

Après ce court examen, on monte le cheval pour connaître s'il a de la force, et s'il n'est point hargneux, rétif ou ombrageux, ou si quelquefois il ne se couche point dans l'eau.

Les maquignons ne manqueront pas non plus ici de mettre en usage tout leur savoir-faire, pour cacher les mauvaises qualités et les vices de leurs chevaux : par exemple, s'ils ont un cheval qui ne veuille point quitter l'écurie, ils vous mèneront un peu loin pour vous le faire voir, ou ils feront fermer la porte de l'écurie, et un garçon s'y tiendra avec un fouet, pour le prévenir toutes les fois qu'il passera de ce côté : si c'est un cheval hargneux, à force de coups de fouet et en lui faisant faire tous les jours trois ou quatre fois le même espace de chemin, ils parviendront, à la fin, à le lui faire parcourir sans qu'il se défende.

Si vous montez un de leurs chevaux qui soit rétif ou ombrageux, ils enverront leur piqueur avec vous, qui montera le cheval qui est toujours à côté de lui dans l'écurie, et avec lequel il mange son avoine, afin que si votre cheval fait la moindre difficulté de passer en quelque endroit, ou qu'il ait peur de quelque objet, il puisse tout de suite approcher son cheval du vôtre pour l'animer à passer.

S'il se couche dans l'eau, on vous mènera promener de quelque côté où le cheval n'aura point occasion de se mouiller les pieds; ou bien, quand vous passerez dans l'eau, le piqueur vous devancera, pour animer votre cheval à le suivre, ou claquera son fouet après, afin qu'il ne cherche point à s'arrêter.

Enfin, quoique j'aie tâché de ne rien oublier, quoique par une étude et une pratique continuelle de plus de vingt ans je me sois mis en état de savoir quelque chose sur le chapitre des chevaux, il me serait cependant encore bien difficile de tout dire sur cette matière ; ainsi je ne saurais mieux finir que par une maxime établie parmi les gens de cheval, et que

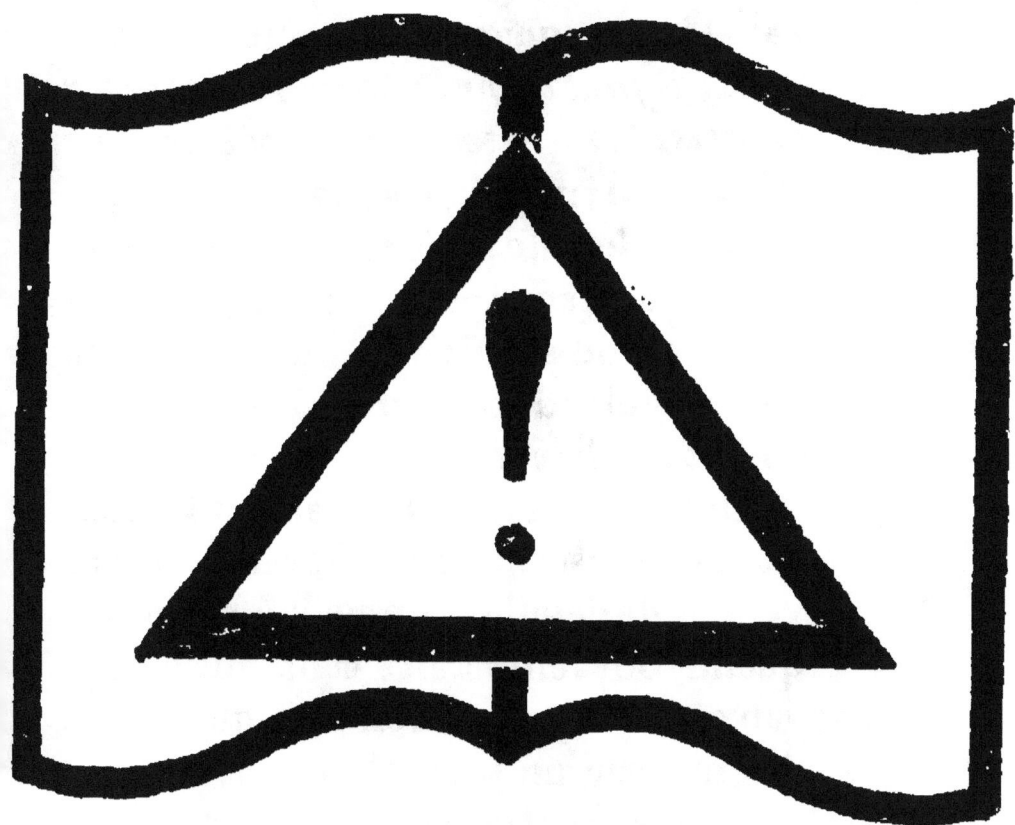

LIRE PAGE(S) 68
AU LIEU DE PAGE(S)
66

j'ai entendu répéter dans tous les pays où j'ai été, que quand on achète des chevaux, *il faut avoir la bourse et les yeux ouverts*. L'expression est assez triviale si l'on veut; mais la maxime n'en est pas moins utile : elle nous fait du moins connaître que dans tout pays, comme dans tout état, on se fait communément peu de scrupule d'attraper qui que ce soit en fait de chevaux.

En se réglant minutieusement sur tous les points descriptifs du cheval, que nous venons de détailler, on peut être certain quand on achèterait cent mille chevaux, de ne pas se tromper, quant aux défauts, sur un seul : il ne faut pas non plus croire qu'il faille beaucoup de temps et de peine pour faire un tel examen ; point du tout, quand on y est un peu habitué, on peut facilement choisir vingt chevaux par heure. Je parle avec connaissance de cause, car il m'est arrivé plus d'une fois d'avoir examiné plus de cent chevaux dans une matinée, et d'en avoir accepté plus de cinquante, sans m'être trompé, quant aux défauts, sur

un seul. Mais encore une fois, il faut
pour cela, savoir bien sa leçon, ou ne
point s'en mêler; et j'espère bien que
la personne, même la moins versée
dans la connaissance des chevaux, mais
qui voudra étudier avec attention les
instructions que j viens de donner,
pourra devenir un parfait connaisseur er
moins de quinze jours, surtout s'il a un
cheval à lui, et qu'il joigne la théorie à
la pratique; je réponds alors de sa réus-
site.

CHAPITRE V.

Instructions et observations générales sur le cheval.

Le cheval vit vingt-cinq ou trente ans,
proportionnellement à son accroisse-
ment, qui se fait en quatre années.

Les jumens portent ordinairement
onze mois et quelques jours: elles accou-
chent debout. Il y en a quelquefois qui

souffrent beaucoup ; il faut les aider dans cette opération.

Il ne faût laisser teter le poulain que six à sept mois au plus. Avant de le séparer de sa mère, on doit l'habituer à manger du foin bien tendre, ensuite le tenir dans l'écurie jusqu'à ce qu'il ne paraisse plus inquiet ; puis le mener au pâturage.

C'est ordinairement à deux ans et demi ou trois ans qu'on doit châtrer ou hongrer tous les chevaux destinés à être montés , à être attelés aux carosses, ou qu'on destine à d'autres services. Si l'on retarde cette opération , c'est toujours aux dépens des bonnes qualités du cheval. Le printemps et l'automne sont les saisons les plus convenables , le froid et le chaud lui étant également nuisibles.

Les chevaux, ainsi que tous les animaux à poil, muent au printemps, quelquefois à l'automne ; alors ils sont faibles et demandent quelque ménagement. Il faut surtout augmenter leur nourriture, pour leur donner la force de supporter cette opération.

Le cheval ne reste couché et ne dort

guère plus de trois heures sur vingt-
quatre ; les meilleurs dorment debout.

Le cheval plongeant son nez dans
l'eau en buvant, il faut éviter de le faire
boire lorsqu'il a chaud, cela lui donne
des coliques, et il pourrait aussi, s'il est
jeune, prendre le germe de la morve,
qui est toujours une maladie mortelle,
et qui se communique.

Les chevaux bretons et normands sont
les meilleurs pour les charrois et le la-
bourage.

Le temps le plus propre pour l'ac-
couplement ou la monte, est ordinairement depuis le 1er avril jusqu'à la fin de
juin, d'autant plus que la cavale saillie
dans ce temps, donne son poulain dans
la saison abondante en pâturages, et que
le poulain a deux étés contre un hiver.

Communément on ferre les poulains
lorsqu'ils ont quatre ans accomplis. La
première fois, on ne les ferre que des
pieds de devant, et six mois après, des
pieds de derrière.

NOURRITURE.

La nourriture doit être proportionnée

à la taille des chevaux et au travail qu'ils font. On doit faire choix du foin de la première coupe, et non du regain; la trop grande quantité, surtout lorsqu'il est récolté dans un terrain bas et humide, ne vaut rien pour les chevaux, et les rend poussifs. La paille de froment hachée, mêlée avec un peu de foin, est une excellente nourriture. Pendant l'été, on la mélange avec le fourrage vert, pour modérer l'activité des chevaux à le manger.

Après sa mort le cheval est encore utile; son crin sert à faire des tamis, des boutons, des archets d'instrumens, à rembourer les meubles et à faire des cordes; sa peau tannée sert aux selliers et aux bourreliers; les tabletiers font des peignes avec la corne de ses pieds.

Notre plan, trop concis, ne nous permet pas de placer ici l'éloge de ce précieux animal, fait par M. de Buffon, éloge qui, dans ses ouvrages, jouit d'une juste et grande célébrité.

CHAPITRE VI.

Maladies des Chevaux.

Cet animal est exposé à un très-grand nombre de maladies, tant internes qu'externes, pour lesquelles nous conseillons, quand elles sont graves, d'avoir recours à un homme très-instruit dans l'art vétérinaire.

Voici les symptômes généraux qui font connaître que le cheval est malade :

1° Dégoût et perte d'appétit. 2° Tristesse, et tête basse. 3° Langue sèche. 4° Poil hérissé. 5° Le cheval ne fléchit pas les reins, lorsqu'on le pince sur cet endroit. 6° Fiente sèche, et par marrons plus détachés qu'à l'ordinaire, couverts quelquefois de glaires, qu'on prend souvent pour graisse, ce qu'on appelle gras fondu. 7° Urine de couleur rouge. 8° Urine crue et claire comme l'eau pure. 9° Cœur battant plus qu'à l'ordinaire.

10° Battement trop faible du cœur et des artères. 11° Le cheval se lève, se couche, et ne peut trouver une position agréable. 12° Regarde souvent son flanc, et plus souvent un côté que l'autre. 13° Quelquefois jette une humeur jaunâtre par les narines. 14° Marche chancelante. 15° Vue triste et abattue, et yeux larmoyans. 16° Difficulté d'uriner, dont on s'aperçoit dès que le cheval se présente pour uriner. 17° Le cheval est enflé, se tourmente et lâche des vents. 18° Battemens des flancs et difficulté de respirer.

Les maladies incurables sont :

1°. La pierre dans les reins: le cheval regarde son dos, plie les reins par la douleur qu'il y ressent, se couche et se lève à chaque instant, et pisse peu à la fois. 2°. Hydropisie de poitrine: le cheval se couche et se lève à chaque instant, tantôt d'un côté, tantôt de l'autre, et a une grande difficulté de respirer. 3°. Hydropisie du ventre postérieur: les côtes sont en mouvement, comme si le cheval était poussif; le cheval a de la peine à respirer, parce que les eaux con-

tenues dans la cavité du ventre font
remonter le diaphragme , diminuent la
capacité de la poitrine , et gênent les
poumons ; le ventre est gonflé et tendu : le
cheval ne sait de quel côté se tenir couché.
4°. Hernie, ou étranglement des boyaux
dans les bourses : le cheval se tourmente,
se tient sur le dos, étant couché; on sent
un relâchement dans les bourses en y
portant la main. 5°. Bézoard dans les
intestins : le cheval se tourne par inter-
valles, et regarde son ventre de temps en
temps. 6°. Estomac crevé : le cheval allon-
ge le gosier, et jette par le nez les alimens.
7°. Diaphragme crevé : le ventre et la poitrine montent et s'élèvent en même
temps, de façon qu'on croirait que ces
deux cavités n'en font qu'une. 8°. Mauvaise haleine. 9°. Bouche mousseuse: il
a de grands battemens de flancs; les yeux
sont pour l'ordinaire hagards. 10°. Pulmonie invétérée : le cheval jette par le nez
une matière sanguinolente, quelquefois
rousse et fluide; mâchoire inférieure res-
serrée, de manière qu'on ne peut l'ouvrir.

Il y a des remèdes généraux qui con-
viennent ordinairement dans toutes les

maladies curables. Nous allons les indi
quer ici, pour n'être pas obligé de les
répéter à chaque article.

Retrancher le foin et la paille, mettre
le cheval à l'eau blanche, c'est-à-dire à
l'eau tiède où l'on a fait bouillir du son;
saigner et donner des lavemens adoucissans, des breuvages faits avec des plantes
émollientes, telles que la mauve, la guimauve, la pariétaire, la mercuriale, la
brancursine, l'aigremoine, la laitue, etc.;
tenir chaudement et bien couvert.

MALADIES INFLAMMATOIRES.

Ce sont les plus ordinaires, et aussi les
plus connues. L'inflammation est un engorgement des vaisseaux sanguins, avec
douleur, chaleur, tension et quelquefois
fièvre.

1°. L'amas du sang dans les vaisseaux
sanguins, demande qu'on en diminue la
quantité par des saignées et la diète.

2°. La raréfaction demande qu'on ap-
paise la chaleur et le mouvement du sang
par les tempérans et les rafraîchissans.

3°. La tension des parties demande
qu'on la diminue par des relâchans.

4°. L'arrêt du sang demande qu'on rétablisse la circulation par les discussifs et les atténuans. Il faut donc d'abord saigner et réitérer les saignées, suivant la violence du mal et la force du cheval. Les saignées sont utiles dans les commencemens, elles le sont peu dans l'état, et souvent nuisibles dans le déclin de la maladie , parce que la tension que les fibres ont soufferte et les saignées précédentes leur ont fait perdre leur ressort.

5°. Il faut mettre le cheval à la diète blanche, ne lui donner presque point de foin, le tenir au son et à l'eau blanche; lui faire avaler des décoctions faites avec les plantes adoucissantes, relâchantes et rafraîchissantes, comme les racines de mauve, guimauve, chicorée sauvage, les feuilles de bouillon blanc, de brancursine, de pariétaire, de laitue , de mercuriale, d'oseille , etc.

Il ne faut pas oublier les lavemens faits avec les mêmes herbes, qui, en nettoyant les gros boyaux, font un bain intérieur, et servent admirablement à diminuer l'inflammation.

6

Sur le déclin , on peut donner l'infusion des fleurs de mélilot, de camomille
et de sureau , qui sont adoucissantes et
un peu résolutives en même temps.

Si l'inflammation attaque les parties
externes, il faut s'appliquer d'abord à
détendre et à relâcher la partie enflammée, afin de rendre la souplesse aux vaisseaux et de favoriser par-là la résolution.
Pour cela, il faut fomenter la partie avec
les décoctions émollientes et relâchantes
dont je viens de parler, ou bien y appliquer les cataplasmes avec le lait et la mie
de pain, et les changer souvent, parce que
la chaleur de la partie enflammée dessèche et fait aigrir le lait, qui perd alors
sa vertu adoucissante et devient irritant.

Il faut toujours éviter les emplâtres
avec les huiles et les graisses, parce qu'ils
bouchent les pores de la peau, arrêtent
la transpiration, augmentent la chaleur,
favorisent la suppuration, et s'opposent
à la résolution.

Lorsque la résolution commence à se
faire, ce qu'on connaît par la diminution
des accidens, il faut la favoriser par

quelque léger résolutif, comme l'em-
plâtre des quatre farines résolutives,
bouillies dans du vin, ou avec la pulpe
de racine de guimauve, arrosée d'un peu
d'eau vulnéraire, ou fomenter la partie
avec un peu d'eau-de-vie camphrée, ou
avec de l'eau-de-vie et le savon.

Si, malgré tous ces remèdes, les accidens subsistent, et qu'on ne puisse pas
procurer la résolution, il faut provoquer
la suppuration, si l'inflammation est
externe, par les emplâtres, les onguens
et les remèdes convenables.

Si l'inflammation se termine par gangrène ou par obstruction, il faudra employer le traitement dont je parlerai,
lorsque je parlerai des maladies externes.

DE LA FIÈVRE EN GÉNÉRAL.

La fièvre consiste dans la fréquence
des contractions du cœur, et dans le
dérangement des fonctions.

En général, la fièvre demande la diète,
parce que la fièvre affaiblit l'estomac,
attire les sucs digestifs, et affaiblit les
forces digestives.

6*

Il faut tenir le cheval à l'eau blanche, lui retrancher le foin, la paille et l'avoine, lui faire boire l'eau de son, et l'inviter, par une bonne litière, à se coucher.

2°. Il faut diminuer la quantité du sang, détendre et désemplir les vaisseaux par des saignées.

3°. Modérer la chaleur et le mouvement du sang par les rafraîchissans et les adoucissans; pour cet effet, on donne les décoctions faites avec les feuilles de mauve, guimauve, chicorée sauvage, laitue, pariétaire, graine de lin, etc.

4°. Tenir les gros boyaux nets, les humecter, les rafraîchir par les lavemens émolliens; mais il faut surtout s'appliquer à la curation de la maladie qui est la cause de la fièvre.

DU VERTIGO.

C'est une maladie dans laquelle le cheval est comme étourdi, porte la tête de côté en avant; il la tient quelquefois dans l'auge, et l'appuie contre la muraille, de manière qu'il semble faire cet effort pour aller en avant; il a les yeux étincelans, il est chancelant de tous ses membres, se laisse tomber comme une masse, tourne les yeux de tous côtés, ne boit ni ne mange. Il y a lieu de croire qu'il a la vue trouble, puisqu'il se donne de la tête de côté et d'autre, et toujours en danger de se la casser.

Il faut faire d'abord les remèdes généraux, mettre le cheval à la boisson blanche, lui retrancher tout aliment solide, et l'attacher de façon qu'il ne puisse pas se blesser la tête.

Ensuite il faut tâcher de remédier à l'engorgement du cerveau, qui est la cause de la maladie, d'abord par les saignées, qui doivent être promptes et copieuses, et faites surtout à l'arrière-main, c'est-à-dire au plat de la cuisse ou à la queue, pour déterminer le sang à se porter vers les parties de derrière, et dégager ainsi la tête.

On peut envelopper la tête de linges imbibés de décoctions émollientes. Il faut faire avaler abondamment de la décoction des plantes rafraîchissantes, pour délayer et détremper le sang, le rendre plus propre à circuler dans les vaisseaux, et en même temps pour diminuer la ra-

réfaction du sang, si elle est la cause de
la maladie. Pour cet effet, on fait bouillir
légèrement la racine de nénuphar , les
feuilles d'endive, de pourpier, de laitue,
de chicorée sauvage, de bourrache, de
buglose, de bouillon blanc, de pariétaire,
de mercuriale, de mauve, etc. On mêle
cette décoction avec un peu de son ou un
peu de farine d'orge pour engager le cheval à boire, ou bien on la lui fait avaler.

Il faut donner par jour un ou deux
lavemens faits avec la même décoction ;
on peut les rendre purgatifs, en y faisant dissoudre quatre onces de moelle
de casse, afin de tenir le ventre libre
et d'évacuer les matières des gros
boyaux, qui compriment les vaisseaux
sanguins, obligent le sang à se porter
en plus grande quantité vers le cerveau,
et contribuent à l'engorgement.

Il est bon de faire deux sétons au col,
afin de détourner une partie de l'humeur
qui cause la maladie. Pour faire ces sétons , on passe un ruban de fil dans une
grande aiguille plate et tranchante par
l'autre extrémité ; on soulève la peau, de

peur de piquer les parties qui sont dessous, ce qui causerait une inflammation.
On fait passer l'aiguille entre la peau et
le tissu cellulaire, observant de ne pas
blesser les membranes ou les muscles qui
sont dessous; ensuite l'on fait une contre-
ouverture, on tire l'aiguille, et on laisse
le ruban dans la plaie. On tire un peu
chaque jour le ruban, afin de le changer
de place, et on a soin de le graisser avec
un peu de basilicon. On le laisse jusqu'à
la fin de la maladie; lorsqu'on le retire,
on ne fait que bassiner l'ouverture avec
un peu de vin mêlé avec l'eau tiède.

MAL DE CERF.

On donne ce nom à une maladie dans
laquelle le cheval est roide de tous ou
d'une partie de ses membres, comme
le cerf, lorsqu'il tombe roide de lassitude ou de fatigue, après avoir été vigoureusement poursuivi à la chasse.

Il faut d'abord mettre le cheval à une
diète exacte, et recourir aux remèdes
généraux; ensuite venir à la saignée,
qui doit être répétée suivant le besoin.

Il faut faire à-peu-près les mêmes remèdes que dans le vertigo ; mais comme
l'engorgement du cerveau est plus considérable que dans le vertigo, il faut
plus insister sur les saignées.

Il faut faire avaler abondamment de
la décoction délayante et rafraîchissante
dont j'ai parlé dans la curation du vertigo, afin de détremper le sang et de
lui rendre la fluidité nécessaire pour le
faire circuler librement dans les vaisseaux du cerveau, et pour apaiser en
même temps la raréfaction du sang, si
elle est la cause de l'engorgement. Les
lavemens émolliens sont très-utiles, ils
apaisent l'ardeur et le mouvement du
sang, et diminuent la tension des fibres.

Après avoir fait précéder ces remèdes,
il faut faire quelques sétons pour détourner de ce côté une partie de l'humeur qui
se porte à la tête.

Lorsque le cheval est en voie de guérison, il serait bon de donner un purgatif, pour nettoyer les premières voies, qui
sont toujours chargées, dans ces maladies,
d'un mauvais levain qui passe dans le

sang et entretient la maladie ; mais comme les chevaux sont difficiles à purger, qu'on ne peut guère connaître la dose juste de ce purgatif, je ne suis guère partisan des purgatifs, et je ne suis point ardent à les conseiller : ils sont cependant indiqués dans ces maladies.

On peut donner en toute sûreté quelques lavemens purgatifs, faits avec la décoction des plantes émollientes, dans laquelle on ajoutera quatre onces de pulpe de casse, avec trois grains de tartre stibié, afin de nettoyer les gros boyaux qui sont paresseux, et qui contiennent des matières pourries et fermentées qui favorisent la maladie.

DU MAL DE FEU OU MAL D'ESPAGNE.

On appelle ainsi une maladie dans laquelle le cheval a la tête basse, est toujours triste, ne se couche que rarement, et s'éloigne toujours de la mangeoire, avec une fièvre considérable, qu'on reconnaît par le battement fréquent, et la palpitation du cœur qu'on sent en portant la main sur la poitrine, du côté de l'épaule : on sent même quelquefois battre l'artère forte, en portant la main sur les reins. On donne presque toujours le nom de mal de feu à la fièvre.

L'engorgement des vaisseaux du cerveau demande qu'on le diminue par les saignées, les breuvages rafraîchissans, les lavemens émolliens; mais il faut surtout s'attacher à guérir les maladies dont le mal de feu n'est qu'un symptôme : ainsi, s'il y a fièvre, pleurésie, etc., il faut s'appliquer à guérir la fièvre et la pleurésie.

Il y a probablement plusieurs autres maladies dont la tête du cheval peut être attaquée; je n'en parle pas, parce qu'elles sont peu connues.

DE LA GOURME.

C'est l'écoulement d'une humeur, qui se fait ordinairement par le nez, dans les jeunes chevaux. Elle est à ces animaux ce que la petite-vérole est aux hommes. On distingue la gourme bénigne, la gourme maligne et la fausse gourme. Lorsque la gourme est bénigne, elle est salutaire et sans danger.

Dès qu'on s'aperçoit que la ganache
est pleine, ce qu'on appelle ganache
chargée, il faut mettre le cheval à l'eau
blanche, lui retrancher le foin et l'avoine;
ensuite le but qu'on doit se proposer,
c'est de favoriser l'écoulement de l'humeur de la 'gourme. Pour cela, il faut
d'abord saigner une ou deux fois, pour
prévenir les accidens de l'inflammation;
il faut tenir le cheval chaudement, le
couvrir, envelopper la ganache avec une
peau d'agneau, et la fomenter avec la décoction des plantes émollientes, comme
la mauve, guimauve, branc-ursine, bouillon blanc, pariétaire ou graine de lin, etc.

Il faut faire bouillir du son ou de l'orge
dans de l'eau, et lui en faire respirer la
vapeur, en le mettant dans un sac qu'on
attache à la tête.

On peut appliquer sous la ganache un
cataplasme émollient. Ces remèdes dé-
tendent et relâchent les vaisseaux des
glandes, favorisent par là l'écoulement
de l'humeur qui engorge les glandes, et
diminuent l'inflammation.

Si l'engorgement subsiste, qu'il se

7*

forme au milieu de la grosseur une pelote dure, et que la douleur soit vive,
ce qu'on connaît par les mouvemens que
le cheval fait lorsqu'on le touche, c'est
une preuve que la suppuration se fait : il
faut la favoriser, en frottant la tumeur
avec quelque suppuratif, comme le basilicon, ou avec quelque graisse ou du
beurre.

Lorsque la matière est venue à suppuration, ce qu'on reconnaît lorsqu'en
appuyant le doigt sur la grosseur, le
pus fait une espèce de fluctuation, ou
lorsqu'on sent une petite pointe blanchâtre saillante, il faut ouvrir l'abcès,
et ne pas toujours attendre qu'il perce
de lui-même, parce que le pus enfermé
entretient l'engorgement et l'inflammation des parties voisines, et fait souvent
du ravage. Il faut toujours l'ouvrir dans
l'endroit où l'abcès fait une pointe, et
dans la partie la plus déclive, afin de
donner issue à la matière.

Il faut presser un peu les bords de la
plaie, pour exprimer le pus qui est enfermé; mettre pour premier appareil

das éponges sèches, sans les tamponner.
Le lendemain on y introduit deux ou
trois plumaceaux chargés de digestifs faits
avec la térébenthine et le jaune d'œuf.
Il faut entretenir l'ouverture de la plaie
jusqu'à ce que la matière se soit entièrement écoulée ; ensuite la faire cica-
triser en la bassinant avec du vin tiède,
et y appliquant des étoupes sèches. De
cette manière, on parvient facilement
à la guérison parfaite de la gourme bénigne, et on délivre le cheval d'un germe
nuisible à sa santé, lorsqu'il ne sort pas
entièrement de son corps.

Mais si on néglige de remédier à l'inflammation par ces remèdes, ou si,
malgré ces remèdes, l'inflammation augmente et gagne l'arrière-bouche et le larynx, les accidens augmentent, les muscles de l'épiglotte et de la glotte s'enflam-
ment, font resserrer l'entrée de l'air ; de
là, difficulté de respirer, et quelquefois
suffocation. Quelquefois l'inflammation
gagne la trachée-artère, les bronches,
et même la substance du poumon : c'est
ce qu'on appelle *gourme maligne*.

Comme il y a inflammation dans la

gourme maligne , on sent bien qu'il faut
mettre en usage tous les remèdes de l'inflammation dont je viens de parler dans
la curation de la gourme bénigne; mais
comme l'inflammation est plus considérable , et qu'elle attaque des parties essentielles à la vie , il faut employer ces
remèdes plus promptement et avec plus
d'attention; il faut saigner tout de suite,
réitérer la saignée suivant le besoin : il
n'y a point de remède plus efficace pour
résoudre ou diminuer l'inflammation.
Faites des fomentations émollientes sous
le cou et la ganache ; faites respirer au
cheval, pendant long-temps, la vapeur
de décoction des plantes mucilagi-
neuses et adoucissantes ; enveloppez le
gosier avec le cataplasme de lait et de mie
de pain, un jaune d'œuf et un peu de
safran ; faites boire tiède, retranchez tout
aliment solide, donnez des lavemens
émolliens ; enfin employez tout ce qui
peut détendre, relâcher et diminuer
l'inflammation.

Lorsque le dépôt a percé , et que le
pus s'écoule par le nez, il faut faire dans

le nez des injections détersives, pour empêcher que les particules âcres du pus ne s'attachent à la membrane pituitaire, ne la corrodent, n'y forment des ulcères et ne produisent la morve.

Pour cela, il faut avoir une seringue d'une grandeur médiocre, dont la canule soit de bois, arrondie par le bout; la placer le long de la cloison du nez, et boucher l'autre narine, de peur que l'injection ne revienne ; de cette façon l'injection est obligée de se porter sur le voile palatin ; elle lave et déterge les parties sur lesquelles le pus passe.

Cette injection se fait avec la décoction d'orge, de feuilles d'aigremoine, où l'on ajoute un peu de miel.

Mais si l'écoulement de la gourme n'est pas assez abondant pour chasser hors du corps tout le virus de la gourme, ce virus fermentera dans le sang, viciera les humeurs qu'il contient, et formera un dépôt sur quelque partie, comme sur les glandes parotides, sur le poumon, ou sur quelqu'autre viscère : c'est ce qu'on appelle fausse gourme.

Si ce dépôt, formé par un reste de virus de la gourme, n'attaque que des parties externes, il faut le traiter comme un abcès simple : s'il attaque quelque viscère, il faut mettre en usage les remèdes généraux, et abandonner le reste à la nature.

DE LA MORFONDURE.

C'est un écoulement de mucosité qui se fait par le nez, comme la gourme.

Il faut saigner le cheval, le mettre à l'eau blanche, le tenir chaudement, lui donner du son détrempé dans une grande quantité d'eau, lui en faire respirer la vapeur, afin de détacher les matières et de diminuer l'engorgement des glandes.

Si le cheval jette depuis quinze jours; s'il est glandé, et surtout s'il n'est glandé que d'un côté, il y a tout lieu de croire que c'est la morve. Il faut faire pour lors des injections dans le nez, premièrement adoucissantes, avec les feuilles de mauve, guimauve, pariétaire, mercuriale, etc.; ensuite les rendre détersives avec l'orge, les feuilles d'aigremoine et le miel, continuant toujours de faire respirer au cheval la vapeur de l'eau de son, et des herbes qui auront servi à la décoction adoucissante ; on les mettra pour cela dans un sac, qu'on attachera à la tête du cheval.

DE LA MORVE.

C'est un écoulement de mucosité par le nez, avec inflammation ou ulcération de la membrane pituitaire.

La morve, proprement dite, se guérit assez souvent dans les commencemens, lorsqu'on emploie les remèdes convenables.

La cause de la morve commençante étant l'inflammation des glandes et de la membrane pituitaire, il faut mettre en usage les remèdes de l'inflammation. Ainsi, dès qu'on trouve que le cheval est glandé, il faut le saigner, et répéter la saignée selon le besoin : c'est le remède le plus efficace.

Il faut ensuite tâcher de détendre et de relâcher les vaisseaux, afin de leur rendre la souplesse nécessaire pour la circulation. Pour cet effet, il faut faire des injections dans le nez, avec la décoction des plantes adoucissantes et relâchantes de mauve, guimauve, bouillon blanc, branc-ursine, pariétaire, mercuriale, de fleurs de mélilot, de camomille et de sureau.

Il faut faire respirer la vapeur de cette décoction, et surtout la vapeur de l'eau tiède, où l'on aura fait bouillir du son, ou de la farine de seigle ou d'orge: pour cela, on attache à la tête du cheval un sac où l'on met le son tiède. Il est bon de donner quelques lavemens rafraîchissans, pour tempérer le mouvement du sang et l'empêcher de se porter avec trop d'impétuosité à la membrane pituitaire.

Il faut retrancher le foin au cheval, et ne lui faire manger que du son chaud, mis dans un sac de la manière que je viens de dire; la vapeur qui s'en exhale adoucit, relâche et diminue admirablement l'inflammation.

Dans la morve confirmée, l'indication que l'on a, est de déterger les ulcères, de fondre les callosités, de faire suppurer

ces ulcères afin de les conduire ensuite
à cicatrice.

La première indication demande les
détersifs, afin de nettoyer les ulcères, de
faire venir les bonnes chairs, et de procurer la cicatrice. Pour cela on injecte
par le nez une décoction faite avec les
feuilles d'aristoloche, de gentiane , de
centaurée.

Lorsque l'écoulement change de couleur et devient blanc, épais et d'une
louable consistance, il faut injecter de
l'eau d'orge, dans laquelle on fait dissoudre un peu de miel rosat.

Enfin, pour dessécher, il faut injecter
l'eau seconde de chaux, afin de finir la
guérison ; mais comme cette injection a
de la peine à pénétrer dans tous les sinus
en la poussant par le nez, on a imaginé
un moyen de la porter sur toutes les
parties ; c'est le trépan : c'est le moyen
le plus sûr de guérir la morve confirmée.

La seconde indication est de fondre les
callosités des ulcères. Cette indication
demanderait les caustiques: les injections
fortes et corrosives rempliraient cette in-

tention, si on pouvait les faire sur les parties malades seulement ; mais comme elles arrosent les parties saines de même que les parties malades, elles irritent les parties qui ne sont pas ulcérées, et augmentent le mal; de là l'impossibilité de guérir la morve par les caustiques. Les fumigations sont un très-bon remède ; j'en ai vu de bons effets.

Dans la morve invétérée, où les ulcères sont en grand nombre, profonds et sanieux, où les vaisseaux sont rongés, les os cariés, et la membrane pituitaire épaissie, je ne crois pas qu'il y ait de remède.

DE LA TOUX.

C'est un mouvement de la poitrine, exercé par la nature, pour chasser, avec l'air, ce qui gêne la respiration.

La toux venant de la tension des fibres ou de leur irritation, demande des relâchans et des adoucissans : les relâchans sont la saignée et les boissons copieuses; les adoucissans sont les décoctions de mauve, guimauve et bouillon blanc; on peut donner à manger au cheval des feuilles de bouillon blanc.

Les farineux sont de bons remèdes pour la toux simple, tels que l'eau blanche, l'eau de son, ou l'eau où l'on aurait délayé un peu de farine d'orge ou de seigle; mais comme souvent la toux n'est qu'un symptôme d'une autre maladie, il faut plutôt s'attacher à guérir la maladie que la toux; en ôtant la cause de la toux, elle cessera bientôt.

DE LA PLEURÉSIE.

C'est une inflammation de la plèvre, avec fièvre, difficulté de respirer, et souvent toux.

Souvent l'inflammation de la plèvre gagne la substance du poumon, et c'est alors la pleurésie composée de la péripneumonie.

La pleurésie étant une maladie inflammatoire qui attaque toujours les parties essentielles à la vie, est toujours dangereuse.

La simple est moins dangereuse que la composée.

La pleurésie se termine, comme les maladies inflammatoires, par résolution, par suppuration et par gangrène.

La résolution est la voie la plus salutaire.

La suppuration est fâcheuse, et souvent incurable.

La gangrène est mortelle.

La pleurésie étant une maladie inflammatoire, il faut mettre en usage les remèdes de l'inflammation. Comme c'est une maladie dangereuse, il faut les faire promptement et avec beaucoup d'attention.

Comme la résolution est la voie la plus salutaire, et que c'est le seul moyen de guérir d'une manière complète, il ne faut rien oublier pour la procurer.

Pour y parvenir, il faut saigner promptement le cheval, répéter la saignée de trois en trois, ou de quatre en quatre heures, suivant le besoin, la violence de la maladie et les forces du cheval. On peut saigner jusqu'à six fois dans deux jours.

Remarquez que deux saignées au commencement font plus d'effet que six dans l'état de la maladie; les saignées sont tout au moins inutiles après le sixième jour.

Il faut faire avaler copieusement de l'eau blanche, ou la décoction des plantes rafraîchissantes, ou de graine de lin; on peut aussi lui faire avaler une livre de miel délayée dans de l'eau de son; ou bien on met le miel sur la langue avec la spatule, pour le faire avaler.

Il faut donner cinq ou six lavemens émolliens par jour.

Après le quatrième ou le cinquième jour, si la fièvre, la douleur et la difficulté de respirer diminuent, c'est-à-dire si la résolution commence à se faire, il sera bon de la favoriser par quelque léger cordial, comme l'eau de son, dans laquelle on aura fait bouillir légèrement un peu de canelle, ou deux poignées de baies de genièvre concassées; ces remèdes raniment un peu les forces, rétablissent la circulation, et favorisent admirablement la résolution.

Lorsque les accidens subsistent encore

le septième et le huitième jour, c'est une
preuve que la résolution ne se fait pas.
La pleurésie se termine alors, pour l'ordinaire, par suppuration, c'est-à-dire
qu'il se forme un abcès, qui se rompt
ensuite et tombe dans les bronches, et
le pus sort, par le moyen de l'air et de
la toux, par la trachée-artère ; c'est ce
qui constitue la pulmonie à la suite de
la pleurésie, dont je parlerai ci-après.

DE LA COURBATURE.

C'est à peu-près la même maladie que
la pleurésie; c'est une inflammation du
poumon, qui vient d'une fatigue outrée
ou d'un travail forcé. La curation est la
même.

DE LA PULMONIE.

C'est une ulcération de poumon avec
écoulement de pus par le nez.

On ne doit tenter la guérison que de
celle qui vient à la suite de la pleurésie
ou de la courbature. 1°. Il faut dans ce
cas favoriser l'expectoration ou l'injection du pus, par la décoction des feuilles
d'hysope, de lierre terrestre, ou du mar-

rubé blanc; on fait infuser une poignée de ces feuilles dans deux pintes d'eau, qu'on fait avaler au cheval, le matin, une fois par jour.

2°. Il faut en même temps corriger l'âcreté du pus par les boissons adoucissantes dont j'ai parlé si souvent.

3°. Enfin déterger l'ulcère, le dessécher en même temps par de légers détersifs, dessicatifs et astringens, tels que le baume de Copahu, qu'on fait avaler une fois par jour, à la dose de trente gouttes pendant dix ou douze jours, ou bien trente-six grains de baume de soufre térébenthiné dans un peu de décoction détersive. De cette façon on réussit à guérir radicalement la pulmonie qui succède à la pleurésie ou à la courbature.

Pour celle qui vient des tubercules suppurés, de fausse gourme ou de farcin, elle est incurable.

DE LA POUSSE.

C'est une difficulté de respirer, sans fièvre, ce qui ressemble assez à l'asthme de l'homme. C'est un mal très-difficile à

8.

guérir, pour ne pas dire incurable. On peut cependant l'adoucir par le régime, en retranchant le foin au cheval et en lui faisant faire un exercice modéré. Lorsque le cheval râle ou siffle, parce qu'il est gêné et rêné trop court, il faut le mettre à son aise.

DES TRANCHÉES EN GÉNÉRAL.

On donne ordinairement le nom de tranchées à des maladies qui ne méritent pas ce nom, telles que la rupture de l'estomac, la suppression et la rétention d'urine, l'hydropisie de poitrine et du bas-ventre. Ces maladies ne sont pas des tranchées; elles demandent (du moins quelques-unes) un traitement bien différent.

Les tranchées sont une maladie inflammatoire des intestins.

Les causes, en général, des tranchées sont en grand nombre :

1°. La boisson d'eau froide, vive ou crue, après le chaud;

2°. L'indigestion;

3°. Les crudités des premières voies.

4°. Les alimens, ou plutôt le séjour des excrémens dans les boyaux ;

5°. Les vents contenus dans les intestins ;

6°. Les vers contenus dans l'estomac ou dans les intestins ;

7°. Le bésoard arrêté dans les intestins.

Toutes ces causes produisent l'inflammation des intestins, les unes en faisant crisper et resserrer les extrémités capillaires des vaisseaux qui vont se distribuer aux intestins ; les autres en comprimant les vaisseaux des intestins; les autres enfin, en irritant les fibres nerveuses des intestins. L'inflammation engage les vaisseaux, distend les fibres nerveuses, produit la douleur; de là les tranchées.

Il faut, 1°. retrancher tout aliment solide, le foin, l'avoine et la paille ;

2°. Mettre en usage les remèdes de l'inflammation, saigner suivant la violence du mal et les forces du cheval, donner plusieurs lavemens rafraîchissans et émolliens, faits avec la décoction de son, ou de plantes émollientes, ou de farine d'orge, ou avec l'huile d'olive ré-

8*

cente, ou le beurre frais, faire boire tiède l'eau blanche, ou la décoction des plantes émollientes, ou de graine de lin.

Dans les *tranchées d'eau froide*, il faut couvrir le cheval, le tenir bien chaudement; si la douleur continue, au bout d'une demi-heure il faut le saigner et lui donner des lavemens.

Dans la *tranchée d'indigestion*, il faut bien se garder de saigner, parce qu'on diminuerait les forces digestives, et on exposerait le cheval à périr de suffocation. Il faut lui donner un peu de thériaque délayée dans un demi-setier de vin, ou lui faire avaler cinq ou six pintes d'eau tiède dans l'espace de deux heures; on lui donne plusieurs lavemens simples, ou légèrement purgatifs, en y faisant dissoudre quatre onces de pulpe de casse.

Dans les *tranchées venteuses*, on prend un oignon, on le hache bien menu avec un morceau de savon gros comme un œuf, on y mêle deux pincées de poivre, on l'introduit avec la main dans l'anus, le plus avant qu'il est possible; on fait promener le cheval tout de suite;

quelque temps après on lui donne un lavement composé d'une once de savon noir, dissous dans de l'eau. Si les tranchées ne s'apaisent pas, il es. à propos de saigner. On peut se servir des carminatifs propres à chasser les vents, comme de la semence d'anis, de cumin, la racine d'angélique, d'impératoire, etc.

Dans les *tranchées de vers*, tous les amers sont bons; ainsi on peut donner la décoction de gentiane, de petite centaurée, d'absynthe et de fougère. Je donne ordinairement trois onces de suie de cheminée dans un demi-setier de lait : ce remède me réussit fort bien.

Les *tranchées du bésoard*, espèce de boule plâtreuse qui se forme dans les intestins, sont incurables.

Dans les *tranchées rouges*, qui ne sont autre chose que l'inflammation de l'estomac et des intestins, dont il a été parlé, avec la seule différence que cette inflammation est considérable, il faut faire tous ses efforts pour remédier promptement à l'inflammation : pour cela il faut mettre en usage les relâchans, les émolliens et les anodins.

1°. On soigne le cheval, et on répète la saignée suivant le besoin pourvu qu'on soit sûr que la digestion est faite; on fait avaler des breuvages faits avec la décoction des plantes émollientes, dont j'ai parlé à l'article de l'inflammation, la décoction de graine de lin, etc.; ou bien on fait avaler une livre d'huile d'olive, pour adoucir et lubrifier le passage des matières et favoriser leur sortie. Il ne faut pas omettre les lavemens; ils diminuent admirablement l'inflammation, tant en relâchant et en rafraîchissant, qu'en évacuant les matières contenues dans les gros boyaux, qui (si elles ne sont pas la cause de l'inflammation) concourent presque toujours à l'entretenir.

DE LA SUPPRESSION D'URINE.

Il y a suppression d'urine, lorsqu'elle ne se sépare pas dans les reins, ou lorsqu'elle ne s'y sépare qu'en petite quantité, ou lorsque l'urine ne trouve pas de passage libre pour aller à la vessie.

Dans cette maladie, le cheval souffre de grandes douleurs, dont il donne des preuves par une grande agitation ; il est dans une fièvre considérable, il plie les reins.

La suppression d'urine vient de l'inflammation des reins ou des uretères, ou de l'obstruction des reins ou des uretères.

Dans l'inflammation des reins , les tuyaux sécrétoires de l'urine sont resserrés, ne filtrent plus l'urine; l'urine reflue dans la masse du sang : de là la suppression d'urine.

Dans l'inflammation des uretères, ces canaux sont resserrés et ne donnent plus de passage à l'urine : de là la suppression.

Dans l'obstruction des reins et des uretères, l'urine ne trouvant plus de passage libre, ne peut plus couler dans la vessie.

La suppression d'urine qui vient d'inflammation, demande les remèdes de l'inflammation, dont j'ai parlé si souvent : 1°. les saignées, qui doivent être répétées suivant le besoin ; c'est le remède le plus efficace ; 2°. il faut éviter tout aliment solide et tout remède échauffant ; 3°. il faut donner plusieurs lavemens émolliens et rafraîchissans, pour tempérer la chaleur, l'inflammation et l'irritation des reins; donner des breuvages adoucissans faits avec les décoctions de feuilles de mauve, de guimauve ou de graine de lin.

On peut faire avaler quelques onces d'huile d'amandes douces, pour adoucir, relâcher et tempérer la douleur.

La suppression d'urine qui vient d'obstruction, est incurable.

DE LA RÉTENTION D'URINE.

C'est la difficulté ou l'impossibilité d'uriner. Il faut éviter la méthode de ceux qui, portant la main par le rectum sur la vessie, la compriment fortement pour faire sortir l'urine, parce qu'on augmenterait la violence du mal ; si on le faisait, il faudrait le faire doucement.

Il faut saigner une ou deux fois, donner des breuvages et des lavemens émolliens, et employer les remèdes de l'inflammation. Il y a certains moyens qui réussissent quelquefois, comme de remuer souvent la litière sous le ventre du cheval, le

mener à une bergerie; cela le fait uriner
quelquefois. Il faut toujours mettre en
usage ces moyens, quoique souvent inutiles, parce qu'il ne faut rien oublier
pour guérir.

DU COURS DE VENTRE OU DÉVOIEMENT.

C'est une maladie dans laquelle le cheval rend liquides les matières fécales. Il
faut lui retrancher le foin pour quelque
temps, et le nourrir de son.

L'indication que l'on a, est de fortifier
l'estomac, de diminuer la quantité du
suc intestinal, ou de le pousser par les
sueurs et la transpiration. Les stomachiques, les astringens, les cordiaux et diaphorétiques remplissent ces indications.
Ainsi l'on peut faire avaler la décoction
des plantes stomachiques et un peu astringentes, comme les racines de gentiane, d'énula campana et de patience
sauvage; cette dernière est un peu pur-
gative, et resserre après avoir purgé; elle
convient lorsque le dévoiement vient
des matières des premières voies.

On peut donner une once de thériaque

9

délayée dans une chopine de vin, afin de fortifier l'estomac, et de pousser, par la transpiration, une partie de l'humeur intestinale.

On peut enfin mêler aux stomachiques et aux cordiaux quelque astringent, comme le cachou, à la dose de quatre gros : il est en même temps stomachique et astringent.

DU GRAS-FONDU.

C'est une excrétion de mucosité ou de glaires tamponés. Une partie des maréchaux sont dans l'habitude de donner des cordiaux, mais rien n'est plus contraire; ils ne font qu'augmenter l'inflammation et la douleur, en augmentant le mouvement du sang et l'obligeant de se porter avec plus de rapidité vers la partie enflammée.

1°. Il faut faire de petites saignées répétées pour désemplir les vaisseaux, les dégorger et diminuer l'inflammation.

2°. Il faut tâcher d'apaiser le mouvement et la chaleur du sang, d'humecter, de détendre et d'adoucir par les breuvages

et les lavemens émolliens et rafraîchissans.

Si l'inflammation est considérable, si
les matières sont mêlées de sang, si le
cheval se tourmente et souffre beaucoup,
il est à propos d'ajouter à la décoction
des plantes adoucissantes, dont on se sert
pour les breuvages et les lavemens, quelques têtes de pavot blanc, comme trois
ou quatre : rien n'est plus efficace pour
calmer la douleur et remédier à la cause
de la maladie.

Lorsque l'inflammation est sensible-
ment diminuée, il est à propos de mettre
dans les lavemens une trentaine de grains
d'ipécacuanha : c'est un remède certain
pour fondre les glaires qui engorgent les
glandes.

DE LA RAGE.

C'est une espèce de folie ou de fureur
sans fièvre, dans laquelle le cheval mord,
ronge la mangeoire et ce qu'il rencontre;
il avance la tête pour mordre indistinc-
tement toutes les personnes qui s'approchent de lui; il ne connaît personne; il
est toujours en mouvement lorsqu'il est

9*

Seul, et frappe du pied; ses yeux sont
rouges et étincelans; il mange peu et ne
boit pas; il tire la langue et rend beaucoup d'écume. On distingue deux degrés
dans cette maladie, la rage commençante
et la rage confirmée.

Il est inutile de tenter des remèdes
pour la rage confirmée ; tous les soins
doivent se borner à la prévenir : pour
cela il faut couper en rond la partie
mordue, si elle est charnue; il faut,
outre cela, y appliquer les caustiques et
le feu, faire des scarifications, et exciter
une suppuration abondante, afin de
pousser tous les virus dehors.

Si la morsure est une partie tendi-
neuse ou membraneuse, il faut faire des
scarifications à la peau et appliquer dessus
les ventouses, afin d'attirer tout le virus.

Si ces remèdes ne réussissent pas , il
faut abandonner le cheval et le faire tuer.
Mais il faut toujours tenir le cheval à
l'écart, et ne jamais en approcher de
façon qu'on puisse en être mordu.

DE LA SUPPURATION.

Lorsque l'inflammation ne se termine

pas par résolution, c'est-à-dire lorsque le sang amassé dans les extrémités capillaires ne reprend pas sa fluidité et ne rentre pas dans les routes de la circulation, la nature prend une autre voie pour s'en débarrasser comme d'un corps inutile et même nuisible.

L'oscillation des fibres augmente, le battement des artères devient plus grand et plus fréquent; par ces deux causes, le sang se trouve battu, atténué et brisé; il change de nature et se convertit en pus; c'est ce qui constitue la suppuration.

Lorsque la suppuration commence à se faire, et qu'on la croit salutaire, il faut la favoriser par les suppuratifs ou les maturatifs, comme l'onguent fait avec de la graisse, de la poix de Bourgogne, et la farine de seigle ou d'orge dans la décoction de mauve, avec le basilicon, l'huile de lis, les graisses, le vieux levain, etc.

Lorsqu'on est sûr que le pus est formé, il faut ouvrir l'abcès avec le bistouri ou avec la pierre à cautère : la première méthode est préférable, il faut

toujours faire l'ouverture à la partie la
plus déclive, afin de donner écoulement
au pus, à moins que quelque chose n'en
empêche.

On commence par faire avec le bistouri une petite ouverture à l'abcès,
dans l'endroit où la tumeur s'élève en
pointe; on introduit le doigt dans les
plaies pour examiner le fond.

Si l'abcès est simple, c'est-à-dire s'il n'y
a qu'une poche sans clapier, et s'il est dans
une partie charnue, on peut continuer
l'ouverture avec le bistouri seul, pour
donner jour et écoulement au pus; car les
plaies ne guérissent jamais mieux que lorsqu'on les a mises tout-à-fait à découvert.

Si l'abcès est composé, c'est-à-dire s'il
y a plusieurs clapiers ou poches, il faut
les ouvrir tous, afin d'empêcher le pus
de croupir dans les sinus et afin de déterger chaque clapier.

Si l'abcès se trouve sur le périoste,
c'est-à-dire proche d'un os, ou sur un
tendon, ou sur une aponévrose, ou proche
d'une artère ou d'une veine considérable,
ou proche d'une articulation, il faut in-

troduire dans l'abcès une sonde canelée,
afin de conduire le bistouri, de peur
d'offenser les parties voisines de l'abcès.

Si on s'aperçoit, en introduisant la
sonde dans l'abcès, que le pus a fusé,
c'est-à-dire qu'il a creusé et qu'il s'est
étendu fort loin, on peut se dispenser
d'ouvrir l'abcès suivant sa longueur,
mais se contenter de faire une ouverture
à l'autre extrémité ; ce qu'on appelle
contre ouverture.

DE LA GANGRÈNE.

C'est la mortification des solides, avec
perte de sentiment et de mouvement.

On distingue deux degrés dans la gangrène : dans le premier, la chaleur, le
mouvement et le sentiment sont extrêmement diminués ; mais ils ne sont pas
entièrement détruits ; la mortification
n'est qu'imparfaite : ce degré retient le
nom de gangrène.

Dans le second, il n'y a plus de mouvement, ni de sentiment, ni de chaleur
dans la partie ; les fibres n'ont plus de
ressort ; elles tombent en lambeaux, ren-

dent une mauvaise odeur, la mortification
est parfaite : ce degré se nomme *sphacèle*.

Lorsque la gangrène est commençante,
c'est-à-dire lorsque le mouvement et le
sentiment ne sont qu'affaiblis sans être
détruits, il faut mettre tout en usage
pour rétablir les parties dans leur état,
et pour couper le chemin à la gangrène
et en arrêter les progrès.

Pour cet effet, il faut d'abord saigner,
si la gangrène vient de l'inflammation,
ensuite employer les antiseptiques, qui
sont les remèdes contre la pourriture,
en commençant par les plus doux, tels
que la décoction des feuilles d'absinthe,
de centaurée, d'aristoloche, avec laquelle
on fomente la partie malade ; l'infusion
des plantes aromatiques, telles que le
romarin, le thym, la lavande, etc.

Si la gangrène fait des progrès, il
faut mettre en usage les antiseptiques
plus forts, tels que la teinture de myrrhe
et d'aloès, les baumes naturels de Copahu, de Canada, la térébenthine et
son essence, l'eau-de-vie camphrée, la
dissolution de sel marin, etc.

Pendant l'usage des remèdes extérieurs, il ne faut pas négliger les remèdes
intérieurs.

S'il y a fièvre, il faut saigner une ou
deux fois. Comme la fièvre fait toujours
dans les premières voies un mauvais levain qui passe dans le sang, et favorise
la gangrène, il est à propos de purger,
surtout avec quelque purgatif antiscor-
butique, comme l'aloès.

S'il y a faiblesse, frisson, et un pouls
fort, il faut ranimer la circulation par
quelque potion cordiale, composée, par
exemple, d'une once de thériaque délayée dans une chopine de vin, ou une
infusion de canelle, de noix muscade
ou de clous de gérofle, dans du vin.

Si la gangrène vient du relâchement
des fibres abreuvées de sérosités, il faut
plus insister sur les remèdes toniques
pris intérieurement, c'est-à-dire sur l'u-
sage des cordiaux, pour ranimer les mouvemens du sang ; il faut aussi mettre en
usage les diaphorétiques, afin de dépouil-
ler, par les sueurs, le sang de la sérosité
surabondante. Les diurétiques et les

purgatifs sont encore fort à propos, afin
d'évacuer une partie de la sérosité qui
abreuve et relâche le tissu des parties.

Si, malgré ces remèdes, la gangrène
gagne, il faut faire des scarifications jusqu'au vif, ou presque jusqu'au vif, afin
de donner écoulement à la matière qui
engorge les vaisseaux et qui cause la
gangrène, ensuite appliquer sur les scarifications des plumaceaux chargés de
poudre de pierre à cautère ou d'alun
brûlé, ou imbibés de dissolution de vitriol
de Chypre, observant de mettre sur le
reste de la plaie, et même aux environs,
des compresses trempées dans l'infusion
de quelqu'une des plantes aromatiques
dont j'ai parlé ci-dessus, afin d'arrêter
les progrès de la gangrène. Par ce moyen
il se forme au-dessous de la partie gan-
grénée une escarre qui cause une légère inflammation dans la partie vive ;
cette inflammation se termine ordinairement par une suppuration qui détache
la partie gâtée de la partie saine, et il
reste un ulcère simple, qu'il faut panser.

Lorsque la gangrène est parfaite, c'est

à-dire lorsqu'il y a dissolution des parties, ou pourriture, ce que l'on connaît par la perte totale du mouvement et du sentiment, par la sanie de mauvaise odeur qui découle de la partie, la seule chose qui reste à faire, est d'extirper tout ce qui est gâté, afin de défendre les parties voisines de la contagion, et de leur conserver la vie. Pour cet effet on enlève avec le bistouri ou les ciseaux toute la partie sphacelée, et on applique dessus les remèdes que je viens d'indiquer pour la gangrène avancée, afin de produire une escarre dont il faut procurer la chute par la suppuration ; après quoi on n'aura à panser qu'un ulcère simple.

On peut encore mettre en usage un autre moyen, c'est de couper dans la partie morte, de laisser une portion de la partie sphacelée, et d'appliquer dessus le cautère actuel, tel que le feu, la pierre à cautère, la pierre infernale, etc. Ces remèdes mordent sur la partie vive, et forment une escarre, qui, étant tombée par la suppuration, laisse un ulcère simple.

Si la gangrène attaque le tendon, il

faut qu'il se fasse une espèce d'exfoliation, c'est-à-dire que la partie gâtée se
détache de la partie vive, après quoi il
reste un ulcère simple.

Observez qu'il faut employer dans tout
le temps du pansement les antiseptiques,
pour empêcher les progrès de la pourriture.

DE LA CARIE.

C'est la gangrène de l'os. Les indications de la carie se réduisent à en empêcher les progrès et à faire séparer la
partie cariée de la partie saine.

Pour remplir la première de ces vues,
il faut employer pendant tout le temps
de la maladie, les conservatifs des os,
c'est-à-dire les antiseptiques, pour corriger la mauvaise qualité des sucs et arrêter les progrès de la pourriture. Les
antiseptiques les plus usités sont les plumaceaux trempés dans l'essence de térébenthine ou dans l'eau-de-vie camphrée,
ou les baumes naturels, ou les huiles essentielles des plantes aromatiques, de
romarin, d'œillet, de lavande, etc.

On peut aussi se servir de plumaceaux

chargés de térébenthine seule, ou mêlée
avec la poudre d'aloès et de myrrhe. Ces
antiseptiques produisent souvent l'exfoliation et la guérison.

Mais lorsqu'ils sont insuffisans, il faut
avoir recours aux remèdes plus forts et
plus actifs, afin de faire séparer la partie
gâtée de la partie saine; c'est la seconde
indication qu'on a à remplir.

Les remèdes qui répondent à cette
indication, sont les escarrotiques, tels
que la pierre à cautère, la pierre infernale et le fer rouge. Ces remèdes forment une escarre qui n'est pas conta-
gieuse; ils excitent au dessous de la carie
une légère inflammation qui se termine
par suppuration. Cette suppuration est
une espèce de couteau dont la nature se
sert pour séparer la partie gâtée de la
partie saine; il ne reste qu'un ulcère
simple, qui se cicatrise bientôt, en suivant les préceptes que je vais donner.

On peut encore remédier à la carie
en ratissant l'os avec une rugine, jusqu'à
ce qu'on ait enlevé toute la partie gâtée,
ce qu'on connaît lorsqu'on voit quelques

gouttes de sang. Lorsque l'exfoliation est faite, il reste un ulcère simple, qu'il faut traiter à-peu-près comme l'ulcère des parties molles. Pour cela, il faut mettre en usage les suppuratifs, les incarnatifs et les cicatrisans ; mais il faut éviter l'usage des remèdes émolliens et de ceux qui excitent une suppuration trop abondante.

Les remèdes les plus convenables dans ce cas, sont les baumes naturels, tels que celui du Pérou, de la Mecque, la térébenthine, son essence, le baume de Fioraventi, etc., le digestif ordinaire, animé avec la myrrhe et l'aloès. Je me sers ordinairement de la térébenthine seule ; j'en ai toujours vu de bons effets.

Lorsque la carie attaque le cartilage, il ne se fait point d'exfoliation ; il n'y a point de guérison à attendre, il faut absolument l'emporter entièrement, et la partie même qui n'est pas affectée ; autrement il faudrait toujours revenir à l'extirpation de ce qu'on aurait laissé, parce que le cartilage une fois affecté, se gâte totalement.

C'est par cette raison que l'os de la noix, une fois attaqué, est incurable, parce qu'il est enduit d'un cartilage dans toute sa surface.

Lorsque la carie a gagné la substance spongieuse de l'os, elle se guérit bien plus difficilement ; il faut avoir grand soin de mettre l'os à découvert, afin d'appliquer sur les bords de la plaie les antiseptiques dont j'ai parlé ci-dessus, pour empêcher le progrès de la carie, qui s'étend plus vîte que celle de la substance compacte, et pour appliquer sur la carie les exfoliatifs, afin de procurer l'exfoliation.

DU MAL DE GAROT.

Il survient souvent sur le garot des meurtrissures occasionées par la construction de la selle ou de quelqu'autre harnois.

Il faut saigner le cheval et frotter la tumeur avec l'eau salée.

Si au bout de dix ou douze jours, cette grosseur ne diminue pas, et qu'on s'aperçoive qu'il y a fluctuation, il faut l'ouvrir dans la partie la plus déclive, pour donner issue à la matière qui y est contenue, et panser la plaie avec les baumes naturels, tels que la térében- thine et son essence. Si au bout de quinze ou vingt jours la plaie fournit beaucoup de matière, il y a lieu de croire que le ligament est gâté; il faut pour lors débrider la plaie, aller jusqu'au foyer du mal, et ôter ce qu'il y a de gâté. Il arrive souvent que la partie supérieure des apophyses épineuses des vertèbres du dos, qui sont pour l'ordinaire carti- lagineuses, est endommagée; alors il faut couper ce qui est gâté, c'est-à-dire tout le cartilage, et aller jusqu'à l'os, parce qu'il ne se fait d'exfoliation que dans la partie osseuse.

Il faut panser la plaie, tant qu'elle suppurera, avec la terébenthine de Ve- nise, et son essence, deux fois par jour, et éviter les caustiques, qui ont toujours un mauvais effet dans ce cas.

On peut mettre pour bandage une toile carrée, à chaque coin de laquelle il y aura un cordon; on en passera deux au-des- sous de la poitrine, et les deux autres au-devant de la poitrine ; mais si l'incision que l'on a faite est grande, il faut passer des petits cordons dans les bords de la peau, deux ou trois de chaque côté, selon que la plaie l'exige. Cela se fait par le moyen d'une aiguille à peu-près de la grosseur d'une alène ; il faut les passer de dehors en dedans, c'est-à-dire percer du côté du poil ; ensuite on met son appareil, et par dessus sept ou huit brins de paille, afin que les cordons ne se mêlent pas avec l'étoupe.

CHAPITRE VII.

Expériences et Observations sur la Morve ; par M. de Lafosse.

La morve, proprement dite, est une maladie inflammatoire qui a son siége dans la membrane pituitaire, comme je l'ai expliqué dans mon Traité de 1749, auquel je renvoie le lecteur.

Pour bien connaître cette maladie, il est à propos d'y distinguer trois temps ;

* 10

savoir : son commencement, son milieu
et sa fin. Dans chacune de ses périodes
elle porte un nom différent; dans la première on l'appelle morve menaçante ;
dans la seconde, morve confirmée ; et
dans la troisième, morve invétérée.

On reconnaît trois symptômes à cette
maladie.

1° L'inflammation dans la membrane
pituitaire;

2° Le gonflement des glandes sous la
ganache ;

3° L'écoulement de morve proprement dite.

Ces trois symptômes sont mutuelle-
ment causés l'un par l'autre. Le premier
produit le second, le second produit des
ulcères dont il résulte un écoulement
par la narine du côté malade.

Dans mon Traité de 1749 j'ai nommé
glande sublinguale, une glande que l'inflammation de la membrane pituitaire
fait gonfler; mais ce n'est qu'une glande
lymphatique, dont les canaux, après
avoir fourni beaucoup de ramifications,
se rendent sur la glande maxillaire, et

viennent se rendre dans une autre glande
lymphatique placée sous la parotide, et
dont il part deux gros conduits qui suivent la trachée artère dans sa longueur,
une de chaque côté, et se jettent de
nouveau entre les deux larynx à deux
pouces et demi de l'aorte, dans deux
glandes lymphatiques; là, elles se par-
tagent pour les traverser, et ensuite ils
se rendent à la veine cave.

A l'égard des glandes sublinguales,
elles sont situées à la symphise du menton.

Quoique je fusse assuré que l'inflammation de la membrane pituitaire
était le premier symptôme de la morve
des chevaux, pour me le persuader davantage j'ai fait les deux expériences
suivantes.

J'ai injecté d'une liqueur un cheval
sain par une narine; après l'avoir injecté,
la membrane pituitaire s'est enflammée :
cette inflammation a fait gonfler sous la
ganache du même côté une glande lymphatique; comme je l'avais prévu, l'inflammation de cette membrane a produit

des ulcères dont le pus a coulé par la même narine.

J'ai encore, avec la même liqueur, injecté un autre cheval sain par les deux narines : la membrane pituitaire s'est enflammée, a fait gonfler des deux côtés une glande lymphatique ; ensuite le pus s'est répandu par les deux narines au bout de quelque temps, ce qui m'a confirmé que l'inflammation était le premier symptôme de la morve proprement dite ; que la glande gonflée sous la ganache était le second, et l'écoulement de la morve le troisième.

OBSERVATIONS

SUR DES CHEVAUX MORVEUX

1 Après avoir trépané un vieux cheval en 1749 et l'avoir pansé, on le fit labourer ; on s'en défit au bout de dix-huit mois. La dissection de sa tête me fit voir que la membrane pituitaire s'était épaissie de 6 à 7 lignes, et ossifiée aux os adhérens ; elle avait acquis cette épaisseur et cette consistance, par la stagnation du

suc lymphatique, causée par l'inflammation et l'étendue des ulcères.

2. Un cheval avait reçu un coup de
pied d'un autre cheval, qui lui brisa une
partie de l'os du sinus maxillaire; après
avoir examiné cette blessure, je trouvai
qu'elle n'était pas mortelle; mais, comme
le sinus maxillaire avait souffert, et que
la membrane pituitaire était enflammée,
je ne doutai pas qu'il ne devînt morveux,
et qu'il ne le fût long-temps. L'effet
confirma mes conjectures; les glandes de
la ganache du côté affecté s'enflèrent, les
ulcères se formèrent dans la membrane
pituitaire, la matière coula des narines,
et cet écoulement est la morve proprement dite. J'ai pansé ce cheval en lui
faisant faire de fréquentes injections par
les narines. L'écoulement a cessé au bout
de quatre mois, la glande s'est dissipée;
l'injection a lavé les parties inférieures
des sinus maxillaires et celles des cornets,
ce qui a empêché la morve d'y séjour-
ner, et ce mal a été radicalement guéri.
Ce cheval appartenait à madame Fondu,
maîtresse charretière, faub. St.-Honoré.

3. Tous les auteurs qui ont écrit sur la maladie des chevaux, semblent s'être copiés pour assurer que la morve était un écoulement accompagné d'une odeur très-puante. Je n'ai jamais trouvé que la morve fût puante par elle-même ; mais elle peut le devenir lorsqu'elle séjourne dans les sinus maxillaires, où des alimens s'introduisent, comme j'en ai vu, par les fentes des dents mollaires qui étaient cassées et qui infectaient les parties.

J'ai encore trouvé des chevaux dont la morve était très-puante ; mais ils avaient une gourme de courbature ou de farcin.

J'en ai vu quelques-uns chez qui cette puanteur provenoit de la putréfaction des lobes du poumon joints avec la morve ; d'autres chez qui elle ne venait que de la gourme maligne qu'ils jetaient.

4. J'ai vu un cheval appartenant à un pauvre homme, qui l'a fait travailler dans l'état de morve invétérée pendant six ans : il ne s'en défit qu'à cause de son

grand âge. J'ai ouvert ce cheval pour visiter ses ulcères ; je les ai trouvés sains,
de même que toutes les parties intérieures, excepté la membrane pituitaire,
qui était épaissie par des ulcères de
quatre à cinq lignes, tant dans les sinus
frontaux que maxillaires.

On sait qu'un cheval morveux de
morve proprement dite , peut commu-
niquer ce mal à d'autres chevaux sains ;
mais ce mal se gagne aussi par tout ce
qui peut enflammer la membrane pituitaire. Par exemple, un cheval deviendra
souvent morveux, si, après l'avoir mis à
nage, on le laisse reposer au froid ou le nez
au vent; deux jours après on verra ses
glandes sous la ganache se gonfler et ses
nazeaux se remplir d'une humeur visqueuse.

On m'amena des chevaux qui avaient
ainsi pris le froid à la membrane pituitaire. Je m'aperçus par leurs glandes
qu'ils étaient menacés de la morve proprement dite : je les fis saigner et rafraîchir, et vins à bout de les guérir en
peu de temps.

J'ai remarqué depuis, que des chevaux

glandés pour même cause, et pour lesquels j'avais proposé de faire les mêmes opérations pour prévenir ce mal, sont devenus morveux, faute d'y remédier.

Pour éviter ces maladies, il faut, lorsqu'ils ont chaud, ne les point laisser refroidir dans l'inaction, les faire marcher doucement après la course pour empêcher le refroidissement subit. Si l'on ne peut les promener, il faut leur couvrir le nez pour empêcher le premier choc de l'air; on peut encore leur tourner la croupe au vent, afin qu'il n'agisse pas violemment sur la membrane pituitaire, et que le tissu délicat de cette membrane, exposé au contact immédiat de l'air et du vent, ne passe pas trop promptement du froid au chaud.

Mais si un cheval était glandé depuis long-temps, et qu'il jetât du côté engorgé sans tousser, la morve est confirmée, eût-il bon appétit et toutes les apparences d'une santé parfaite. Il faut injecter des décoctions émollientes par les narines, et avoir soin de pousser l'injection jusques dans les sinus frontaux, et la réitérer trois fois le jour pendant une

semaine; si le cheval continue de jeter,
il serait bon de lui faire user des fumigations, qui seraient plus en usage si l'on
en connaissait l'utilité.

Fumiger, c'est faire respirer la vapeur
des matières placées sur le feu ou sur un
fer rouge ; cette vapeur produit des
effets différens, suivant la composition.

Pour cet effet, j'ai imaginé une espèce de boîte sur laquelle il y a un tuyau
que l'on insinue dans la narine du cheval; cette boîte a l'avantage de faire respirer la fumigation, qui se perd presque
toute par la méthode ordinaire. La
mécanique de cette boîte est trop simple
pour avoir besoin d'explication, le dessin seul suffit pour la faire entendre.
Après les injections et les fumigations,
il faut promener le cheval sans l'échauffer, ne lui donner que du son, et le
tenir chaudement dans l'écurie. On ne
peut pas répondre de la guérison, parce
qu'elle dépend de l'opiniâtreté de la
maladie. Si l'on suit attentivement les
symptômes, et qu'on s'y prenne à temps,
on peut guérir la morve.

Si la glande durait, et que le cheval jetât une matière sanguinolente, qu'il parût une glande de l'autre côté de la ganache avec difficulté de respirer, on doit croire qu'elle vient de l'épaississe-ment de la membrane. Lorsque la morve est invétérée, il faut trépaner, comme il est dit dans le Traité de 1749, c'est la seule façon de prévenir la stagnation de l'humeur corrosive.

Je suppose deux chevaux, l'un mor-veux, l'autre sain, dans la même écurie et à la même mangeoire: pourvu qu'ils y soient attachés de façon que la respi-ration du cheval morveux ne puisse être reçue par le cheval sain, celui-ci ne gagnera sûrement point la morve.

Après avoir expliqué ce que c'est que la morve proprement dite, nous parle-rons des six autres sortes d'écoulemens que les chevaux jettent par les narines, dont quatre sont incurables.

La première des quatre vient d'un pou-mon attaqué; aussi l'appelle-t-on morve pulmonique. La deuxième se nomme morve de courbature. La troisième, morve de gourme maligne, ou de fausse gourme. La quatrième, morve de farcin.

La morve pulmonique vient d'un ou de plusieurs abcès qui se forment dans les lobes du poumon, et dont le pus gagnant les *bronches*, suit la trachée artère, d'où il passe par les fosses nasales pour couler ensuite par les deux narines en forme de liqueur blanchâtre, et quelquefois grumeleuse. Le cheval, dans ce cas, jette sans être glandé; ainsi ce qu'il jette ne peut être réputé morve véritable. Si le cheval est jeune, on peut le soulager en le faisant peu travailler; il faut lui donner des béchiques, et lui faire prendre le vert tous les ans.

L'humeur que j'appelle de courbature, vient à un cheval au bout d'une maladie occasionée par un travail forcé et dont on croit l'avoir guéri. Il se fait un dépôt sur les poumons, qui produit une humeur blanchâtre et quelquefois teinte de jaune, que le cheval jette par les narines; il mange et boit passablement bien, mais il perd son embonpoint.

11*

La morve de fausse gourme, ou gourme maligne, produit des humeurs que la nature ne peut pousser au-dehors, et qui vont se jeter sur les poumons, où elles forment des abcès; ces humeurs prennent leur cours par les narines, quelquefois même par la bouche, en toussant, et le cheval périt peu à peu.

La morve de farcin est une humeur si âcre et si corrosive, qu'elle attaque quelquefois en même temps les poumons et la membrane pituitaire; elle fait encore plus de ravage que les trois sortes de morves ci-dessus.

Les trois premières sortes de morves, telles que je viens de les expliquer, ne se communiquent point, sinon lorsque l'humeur a acquis, par la longueur du temps, une âcreté qui, passant par les narines, séjourne dans les sinus maxillaires, enflamme la membrane pituitaire, et fait gonfler les glandes; pronostic certain de la morve proprement dite.

Mais la quatrième espèce de morve, qui est celle de farcin, étant plus mordicante, ulcère presque toujours à la fois

les poumons et la membrane pituitaire,
et par conséquent se communique.

Reste à parler des deux autres : l'une
provient de morfondure. Le cheval
tousse, et jette une humeur liquide et
claire, et ensuite blanchâtre, parce que
l'air froid a saisi la membrane pituitaire,
a épaissi la lymphe des petits vaisseaux,
ce qui cause l'inflammation et fait gonfler la ganache, le larynx et les glandes
lymphatiques.

Le cheval jette quelquefois par la bouche en toussant, et quand cette toux
cesse, et qu'il continue de jeter l'espace
de quinze ou vingt jours, que la glande
sous la ganache s'endurcit au lieu de diminuer, cet écoulement est suspect et
dégénère quelquefois en morve proprement dite ; c'est pourquoi, aussitôt qu'on
s'aperçoit que le cheval est morfondu,
il faut le saigner, le mettre à l'eau blanche, le tenir chaudement, et ne point
trop le forcer de travail : s'il continue au
bout de quinze ou vingt jours, il faut
le parfumer ou l'injecter.

Le sixième écoulement est la gourme

que tout cheval doit jeter pour sa santé.
Cette gourme est une humeur qui cir-
cule dans la masse du sang jusqu'à un
certain âge, auquel la nature fait un effort pour chasser cette humeur au dehors.
Cette gourme se jette de plusieurs façons:
celle qui fatigue moins le cheval, est lorsqu'elle forme un abcès sous la ganache
sans prendre son cours par les narines ;
cette humeur se jette quelquefois sur différentes parties, où elle produit différens effets, suivant la disposition de ces
mêmes parties; par exemple, lorsqu'elle
se jette sur la ganache, toute cette partie est gonflée, les artères sanguines sont
comprimées, le sang est arrêté, l'inflammation suit et l'abcès se forme.

Le remède à ce mal est de tenir le
cheval chaudement, et sitôt que l'on s'a-
perçoit que la ganache se gonfle, il faut
la frotter avec du suppuratif pour faciliter la maturité de l'abcès, qui perce
quelquefois de lui-même; mais, sans attendre cette extrémité, il vaut mieux
l'ouvrir pour en faire sortir la matière
maligne avec le pus : le cheval sera

guéri. Voilà ce que j'appelle gourme douce.

La gourme dont l'humeur se jette par les narines, produit aussi différens effets, suivant les endroits où elle se fixe.

A la première, le cheval commence quelquefois à s'attrister, il porte sa tête plus basse qu'à l'ordinaire; il perd quelquefois l'appétit, il a de temps en temps une toux molle, la ganache un peu gonflée par l'inflammation; on sent parfois quelques petites glandes engorgées, et quelque temps après suit un écoulement par les narines, plus ou moins abondant, d'une espèce de morve épaisse. Il arrive souvent qu'il jette par les narines sans avoir la ganache chargée; cette première gourme se guérit souvent naturellement, mais il est toujours bon d'aider la nature; c'est pourquoi l'on doit tenir le cheval chaudement, et lui donner quelques cordiaux pour aider à pousser cette humeur au dehors.

Lorsque ces humeurs se trouvent déposées sur les parties lymphatiques de la

trachée artère que l'on nomme larynx,
elles causent la même inflammation sur
toutes les parties de la membrane pituitaire, ce qui bouche la respiration du
cheval, de façon que son vent ne pourrait émouvoir la flamme d'une chandelle
allumée qu'on lui mettrait sous le nez;
et comme le cheval ne respire jamais que
par les narines, il est obligé alors de
râler: pour aider à sa respiration, il faut
lui mettre un billot dans la bouche, qui
la lui tienne ouverte, et lui donne la
facilité de jeter des flegmes occasionés
par l'inflammation des glandes parotides
et maxillaires; ensuite l'humeur de la
gourme se jettera par les deux narines,
laquelle humeur a quelquefois mauvaise
odeur.

Comme j'ai remarqué que cette route
ne suffit pas toujours pour l'évacuation de
la quantité d'humeurs que produit l'inflammation, il est nécessaire qu'il se fasse
sous la ganache, ou à côté, un dépôt de ces
humeurs: on perce cet abcès pour aider
à l'écoulement qui se fait déjà par les
deux narines: quelque malade que soit

le cheval, il en guérit ; mais, quand ce dépôt ne se forme pas, il y a à craindre que cette humeur ne se jette sur les viscères ; alors il y a du danger.

Pour aider en ce cas, il faut procurer la transpiration par de bons cordiaux ; mais lorsque tous les passages sont bouchés, tant pour les breuvages que pour la respiration, il faut faire bouillir de l'avoine dans du vinaigre, la mettre dans un sac, le poser sur les reins du cheval, et le bien couvrir ; la transpiration que ce remède produira, aidera à pousser les humeurs au dehors.

Tout ce que je viens d'expliquer fait bien sentir que cette gourme, quoique douce par elle-même, peut être dangereuse eu égard aux fonctions de la partie affectée, sur-tout lorsque l'inflammation se forme à l'entrée de l'œsophage nommé larynx ; car dans ce cas il arrive souvent que le cheval jette les alimens par le nez, ne pouvant les avaler.

Ces sortes de gourmes sont cependant les plus louables. Je dis louables, parce qu'il faut qu'un cheval jette sa gourme pour sa santé ; s'il ne la jette point , les humeurs qui causent cette gourme peuvent se jeter tôt ou tard et se fixer sur une ou sur plusieurs parties de son corps, sur lesquelles elles formeraient quelque tumeur ou abcès , et même sur quelques viscères , ce qu'on appelle fausse gourme ou gourme maligne , comme je l'ai ci-devant nommée.

Il arrive encore quelquefois , mais rarement , que ces deux sortes de gourme viennent en même tems au même cheval, c'est-à-dire, qu'il jette sa gourme par abcès et par les narines. Je ne fais pas mention d'une autre septième espèce de morve que les chevaux jettent par les narines, et même aussi quelquefois par la bouche, en toussant, comme du blanc d'œuf.

J'ai fait l'ouverture de ces sortes de chevaux, où j'ai trouvé que cette espèce de morve s'arrêtait et s'attachait à la partie supérieure de la trachée artère, d'où elle se détachait et se jetait par les narines sans s'arrêter nulle part.

L'ouverture que j'ai faite de chevaux

qui jetaient par les narines et par la bouche une espèce de morve occasionée par une inflammation dans le gosier, m'a fait connaître pour cause du mal un dépôt à la trachée artère, lequel paraît être la suite d'une esquinancie ; cette maladie dure deux ou trois jours et quelquefois davantage; le cheval a de la peine à boire et à manger; on la connaît par une petite grosseur que l'on sent au tact sous le gosier.

Un cheval jetait abondamment depuis dix-huit mois, par les naseaux, une humeur blanche et épaisse; lorsque ce cheval restait dans l'écurie, l'écoulement cessait; mais on entendait un râlement, qui cessait aussi quand on le faisait travailler. Quoique ce cheval ne fût pas glandé, on s'en défit. J'ai trouvé la membrane pituitaire parfaitement saine, les sinus et toutes les parties de l'intérieur du nez en bon état, les viscères du bas-ventre sains ; mais en ouvrant la poitrine, je trouvai un abcès considérable à l'endroit de la division de la trachée artère pour passer dans les poumons.

On voit par cet exemple qu'un cheval peut vivre et travailler longtems avec un abcès dans la poitrine, sans que la matière qui passe par la trachée artère à travers le nez puisse gâter ses membranes, et que lerâlement, les glandes tuméfiées, et la quantité prodigieuse de matière qui sort, puissent servir à distinguer cette maladie d'avec la morve proprement nommée.

J'ai dit ci-dessus, qu'il était nécessaire à un cheval de jeter sa gourme pour la conservation de sa santé. L'usage, dans cette maladie, est de séparer les chevaux qui ne l'ont pas d'avec ceux qui la jettent, parce qu'elle se communique.

Je ne suis pas du sentiment de ceux qui suivent l'usage de séparer, dans les belles saisons, les chevaux qui jettent leur gourme, d'avec ceux qui ne l'ont pas jetée; au contraire, je la fais gagner aux chevaux en les laissant ensemble pour éviter le danger de ne l'avoir pas jetée.

~~~~~~

TABLE ANATOMIQUE

DE LA TÊTE DU CHEVAL.

IIIᵉ *Planche.*

BB. Les bornes du cervelet, très-petit dans le cheval, de même que le cerveau D.

CC. Commencement de la partie supérieure du sinus frontal, avec les enfoncemens qui terminent les sinus.

D. et E. On voit un corps en forme de poire canelée, qui est l'os ethmoïde, par où passent les nerfs qui vont à la membrane pituitaire.

E. Commencement du sinus maxillaire.

M. L'espace qui se voit entre ces deux lignes représente la profondeur des sinus.

Nota. On n'a pas marqué les anfractuosités, pour éviter la confusion.

F. Cette raie blanche et oblique est une cloison osseuse qui sépare le sinus en deux cavités.

FG. Deux cloisons; quelquefois il ne s'en rencontre qu'une.

. N. Commencement des cornets.

O. Leurs enroulemens.

P. Leurs parties moyennes.

Q. Leurs parties inférieures.

M. Canal osseux qui renferme le nerf maxillaire supérieur.

AA. Cloison qui partage le nez en deux, représentée par une ligne qui la coupe de haut en bas.

~~~~~~~~~~~~~~~~~~~~~~~~~~~~~~~~~~

RAPPORT de MM. les Commissaires de l'Académie royale des Sciences.

(Extrait des registres de cette Académie, du 8 janvier 1752.)

Nous avons examiné, par ordre de l'Académie royale des Sciences, un nouveau mémoire du sieur Lafosse, sur la morve des chevaux.

Dans le premier qu'il a donné sur cette matière, il établissait, par des observations vérifiées par des commissaires de l'Académie, que le siége de la maladie est la membrane pituitaire, qui, à la suited'une inflammation,s'ulcère et verse habituellement un pus corrosif qui carie les os auxquels elle est adhérente. Dans le mémoire qui fait l'objet de ce rapport, l'auteur étend et perfectionne sa découverte ; il distingue sept sortes d'écoulemens qui peuvent se faire par les narines du cheval, rapporte les signes et les causes de chaque espèce, et fait voir que c'est à tort qu'on les a confondues sous une même dénomination ; il fait voir que la morve proprement dite porte un caractère qui la distingue essentiellement des autres maladies à qui l'on donne le même nom.

Pour prouver qu'une forte inflammation de la membrane pituitaire est toujours la cause de la morve, il a tenté d'enflammer cette membrane par une injection corrosive; lorsque l'injection n'a été faite que d'un côté, les glandes maxillaires lymphatiques se sont gonflées d'un seul côté, la narine de ce côté a seule versé du pus.

Lorsqu'au contraire les deux narines

ont été injectées, ces accidens ont paru
des deux côtés.

L'auteur a joint à son mémoire une
coupe d'os, qui comprend une partie de
l'os maxillaire et de l'os frontal; ces por-
tions d'os à leur face interne portent des
vestiges remarquables de carie, et sont
en plusieurs endroits plus épais qu'ils ne
doivent l'être naturellement; cet épaissis-
sement paraît produit par le séjour d'une
mucosité surabondante et viciée, qui a
amolli et dérangé le tissu de ces os.

Le premier mémoire du sieur Lafosse
se bornait à la description de la maladie,
et la curation n'était proposée que comme
un projet; mais dans celui-ci, il assure
avoir déjà guéri plusieurs chevaux morveux, par le moyen d'injections et de fumigations insinuées dans les narines.

Quoiqu'il ne soit pas encore parvenu
à trouver des injections qui réussissent
dans la pluralité des cas, il y a lieu d'es-
pérer qu'on y pourra parvenir, et nous
ne pouvons refuser notre approbation
aux recherches qu'il ne cesse de faire
dans la vue d'atteindre à cette perfection.
Signé MORAND et BOUVARD.

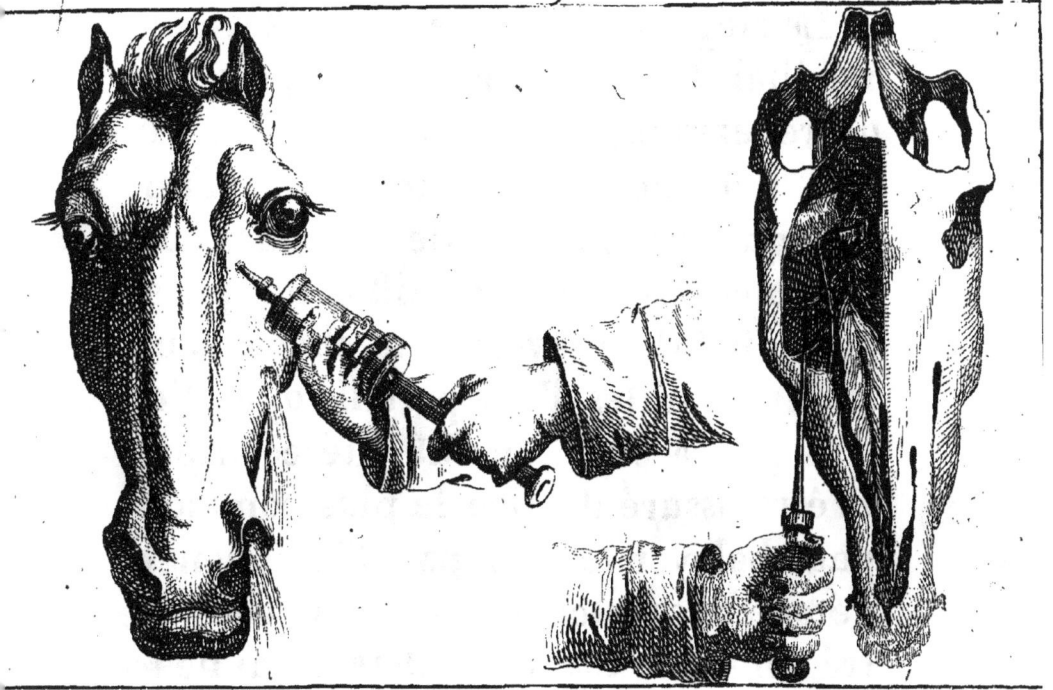

CHAPITRE VIII.

Le trépan est le meilleur moyen d'ap-
pliquer les remèdes contre la morve.

Le siége de la morve ainsi assuré, je
méditai dès-lors un remède. Après bien
des réflexions je conclus en faveur du trépan, pour porter, par le moyen d'une
seringue, dans le nez, des remèdes convenables. La première difficulté qui se
présenta fut de savoir si un cheval souf-
frirait les suites d'une pareille opération
sans que sa santé en fût altérée. Après
m'être assuré du lieu le plus commode
pour balayer le pus par l'injection et
déterger les ulcères, je fis un coup de
trépan sur la tête d'un cheval qui ne jetait que d'un côté, et deux coups à la
tête d'un autre qui jetait des deux. Je
fus agréablement surpris de trouver que
les chevaux ainsi trépanés donnèrent tous
les signes que des animaux en bonne santé
peuvent donner; que les trous avaient

beaucoup de disposition à se fermer ; enfin, que celui qui avait reçu les deux coups de trépan, étant conduit à la voirie vingt-huit jours après, était si animé à la vue d'une jument, qu'il la couvrit deux fois de suite une demi-heure avant que d'être tué.

J'ai fait l'opération du trépan depuis sur plusieurs chevaux , et ils ont tous donné les mêmes signes de santé : au reste que peût-on risquer? quelles suites doit-on craindre d'une pareille opération? la boîte osseuse qui renferme le cerveau est petite; tout ce qui est au-dessous du bord supérieur de l'orbite est le nez.

Voilà donc l'opération du trépan établie sans inconvéniens; il reste à poursuivre ces expériences jusqu'à ce que l'on ait trouvé le remède propre à détruire le vice qui cause la morve; mais comme il y a beaucoup de précautions à prendre dans l'exécution de cette opération, et qu'il faut avoir une connaissance exacte de l'intérieur du nez, j'ai cru qu'il était nécessaire pour le bien public, de faire graver les deux têtes ci-jcintes, afin que

tout le monde soit en état de faire les
expériences avec connaissance et sûreté.

EXPLICATION DES FIGURES.

BB. Deux lignes qui sont les bornes
du cervelet, qui est très-petit dans le
cheval, à proportion de ce qu'il est dans
l'homme, aussi bien que le cerveau, lequel commence à la ligne D.

CC. Une ligne où commence la partie
supérieure du *sinus frontal*, avec ses
enfoncemens, et qui termine entre les
lignes D et E. On voit un corps en forme
de poire et cannelé; c'est l'os *ethmoïde*
par où passent les nerfs qui vont donner
de la sensibilité à la membrane pituitaire,
l'organe immédiat de l'odorat.

E. Commencement du *sinus maxillaire* qui se termine à M. L'espace noir
qui se voit entre ces deux lignes représente sa grande profondeur. La raie blanche et oblique, marquée F, est une cloison
osseuse qui sépare le *sinus* en deux cavités qui ne se communiquent point.
Quelquefois il arrive qu'il y a deux cloisons, mais rarement; c'est pourquoi, pour

12*

ne rien laisser à désirer sur mes observations, on les a marquées à l'extrémité des
lignes droites F et G.

Il arrive aussi quelquefois, mais plus
rarement encore, qu'il y a des chevaux
dans la tête desquels il ne se rencontre
point du tout de cloison.

On a omis les anfractuosités de ce
sinus, à dessein de ne pas confondre les
objets.

N, commencement des *cornets ;* O,
leur redoublement ; P, leurs parties
moyennes; Q, leurs parties inférieures;
M, *le canal osseux,* qui renferme le nerf
maxillaire supérieur.

AA, *la cloison* qui partage le nez en
deux, représentée par la ligne qui le coupe
du haut en bas.

L, dans la tête entière, représente le
trou du trépan dans le *sinus frontal,*
quand on soupçonne, par la violence ou
l'ancienneté de la maladie, que la morve
a gagné ces *sinus.*

Quoique la façon de placer le coup de
trépan à l'endroit marqué L, ainsi que
dans l'endroit marqué E, m'ait paru fort

bonne, suivant que l'on croirait les sinus frontaux engorgés, ou les sinus maxillaires, j'ai cependant observé, en continuant mes opérations, depuis que j'ai présenté mon Mémoire à l'Académie Royale des Sciences, qu'il serait mieux de le placer entre l'espace D et E, et qu'un seul coup de trépan obvierait au vice des parties inférieures et supérieures tout à la fois, et éviterait les deux autres.

Et ce qui m'a convaincu qu'il serait mieux placé dans ce dernier endroit, ce sont deux chevaux auxquels j'ai fait l'opération de cette façon, lesquels étaient soupçonnés morveux et condamnés comme tels. Ces chevaux appartiennent aux voitures de la Cour, et ont été vus par G. Berard, maître Chirurgien à Paris et intéressé dans lesdites voitures. Je les ai traités sous ses yeux, et depuis six semaines, ou environ, ils ont recommencé à travailler, et ne jettent plus, ce qui me fait croire qu'ils sont guéris. De plus le coup de trépan est si bien refermé, qu'il n'y paraît plus rien.

La canule de la seringue se voit dans

l'endroït où il faut placer le trépan pour injecter par le sinus maxillaire, quand on a des raisons pour croire que les frontaux se trouvent libres.

H, dans la tête entière, fait voir l'endroit où il faut faire l'égout dans la partie la plus basse du sinus, pour donner issue à la matière morveuse, qui sera ainsi chassée par l'injection. Comme par la position seule du fond de ces sinus, il ne serait jamais possible que la matière pût en sortir sans y faire un trou, on voit que le spécifique le plus sûr pour le vice, serait infructueux si on négligeait d'appliquer le trépan en cet endroit.

I, représente l'injection poussée par la seringue, laquelle sort également par le nez en K. Mais il faut observer qu'il vaut mieux fermer les nazeaux, pendant qu'on pousse l'injection, pour qu'une partie de l'injection sorte par l'égout et l'autre par les nazeaux.

On voit des raies blanches ci-dessus dessinées qui représentent deux cloisons osseuses dans le sinus maxillaire; quand cette variété de conformation arrive, la matière se trouve renfermée dans les ca-

vités , de façon qu'il est absolument nécessaire de casser ces cloisons avec un *stilet* de fer pour donner issue à l'injection,
comme on voit dans la tête ouverte, par
une main qui conduit un stilet dans le
sinus en cassant ces cloisons. Cette circonstance se trouve rarement ; mais il
suffit que je l'aie trouvé quelquefois pour
donner les moyens de vaincre l'obstacle
en cas qu'une pareille variété se présente.

Or , comme il arrive dans les chevaux
ainsi que dans les autres animaux, que
la nature se joue, et que les cloisons ne
sont pas toujours conformes dans leurs
positions, je suis obligé de faire observer
que dans le cas où le stilet ne feroit pas
l'effet qu'on en attend, en sorte que l'injection que l'on fait par l'endroit du
trépan, ne prendrait pas la route de l'é-
gout , alors il faut injecter du bas en
haut, c'est-à-dire par le trou de l'égout H,
lequel il faut faire plutôt plus haut que
plus bas, afin que l'injection, en retom-
bant, amène avec soi la matière par les
nazeaux, et déterge les ulcères qui occu-
pent la cavité. Il est encore bon d'observer , afin que le trou fait pour l'égo u t

se rebouche pas, à cause de la membrane qui couvre l'os, qu'après avoir insinué le stilet, il faudra y poser une petite pointe de feu.

Comme dans les jeunes chevaux les sinus frontaux et maxillaires sont très-petits, et que ces derniers se trouvent presque remplis par les racines des dents, il faut rapprocher le trépan vers l'intérieur du nez pour y faire l'égout; autrement on rencontrerait les dents, ce qui deviendrait un obstacle invincible à l'opération.

CHAPITRE IX.

Hippostéologie, ou Traité des Os du Cheval; par M. de la Guérinière.

Quoique cette Partie ait été traitée par plusieurs auteurs, on peut assurer cependant qu'aucun n'a été copié dans cet ouvrage, et que la description de chaque os a été faite sur le squelette même du cheval.

Pour suivre l'ordre auquel on s'est assu-

LE SQUELETTE DU CHEVAL,
dessiné d'après celui de l'Académie des Sciences.

jettî, ce chapitre sera divisé en trois articles, dont le premier traitera des os de l'avant-main : on parlera des os du corps dans le second ; et nous examinerons ceux de l'arrière-main dans le troisième.

Mais avant d'entrer en matière sur les os du cheval, il est à propos d'expliquer quelques termes qui pourraient sembler barbares, mais dont nous serons obligé de nous servir dans la suite, parce qu'ils sont consacrés.

Toutes les parties du corps de l'animal peuvent se rapporter à une seule, comme la plus simple, que l'on nomme FIBRE, FIBRILLE, FILAMENT, FIL ou FILET. C'est une partie étendue en longueur, et à laquelle l'imagination donne peu d'épaisseur, et encore moins de largeur.

Selon que ces fibres sont différemment arrangées, on leur donne différens noms, parce qu'elles forment différentes parties.

Lorsqu'elles sont plusieurs ensemble, rangées sur un plan parallèle, croisées et entrelacées par d'autres perpendiculaires ou obliques, elles forment les membranes.　　　　13

Sont-elles rangées plusieurs ensemble
en forme de cylindre, comme les douves
d'un tonneau, et entrelacées par d'autres
fibres, ou en orle (1) ou spirales, elles forment des tuyaux que l'on appelle *vaisseaux*.

Imaginez un vaisseau replié autour
de lui-même en forme de peloton, lequel
se divise à la sortie en deux branches,
dont l'une sépare une liqueur superflue
ou nécessaire à d'autres usages, et l'autre
rapporte à la masse du sang le reste de
la liqueur qu'il a apportée, et vous au-
rez l'idée de la glande que les anatomistes appellent *conglobée*.

Si le vaisseau sépare une liqueur superflue, comme l'urine, la sueur, etc.,
on l'appelle EXCRÉTEUR ; s'il sépare une
liqueur utile, comme la bile, la salive,
on le nomme SÉCRÉTEUR.

De l'amas de plusieurs de ces glandes
réunies, naissent les conglomérées.

Les fibres réunies en un seul faisceau

---

(1) Orle, est la figure que décrit la ligne qui
passerait dans toutes les dents d'une roue d'hor-
loge.

blanc, qui remonte jusqu'au cerveau en
se joignant à d'autres, semblablement
compactes et serrées, sans former de cavité sensible dans les troncs, après la
réunion de plusieurs de ces paquets joints
ensemble, elles font les nerfs destinés à
porter le sentiment et peut-être le mouvement dans toutes les parties.

On en trouve dans le même ordre, qui
par leur réunion forment aussi un corps
blanc, mais devenant plus lâches, moins
serrées par une, quelquefois par les deux
extrémités, forment une masse ou substance rougeâtre par le sang dont elle est
abreuvée, que l'on nomme muscle ou
chair, et le corps blanc s'appelle *tendon*.

Lorsque cette masse rougeâtre ne s'y
trouve point, et que ces fibres ne viennent point prendre leur origine dans le
cerveau, ce ne peut être qu'un ligament;
ils servent communément à unir deux
os ensemble, et quelquefois à donner attache à quelque viscère.

Un muscle a quelquefois deux tendons,
et un tendon se trouve aussi quelquefois
entre deux extrémités musculeuses : ces

13*

mêmes fibres musculeuses, imitant la
figure circulaire d'un anneau, s'appellent SPHINCTÈRES, qui signifie ANNEAU.

De ces vaisseaux, il en est qui ont naturellement et sans interruption un battement ou une vibration que l'on appelle
pouls à PULSU; ce sont les artères, qui
portent le sang du cœur à toutes les parties du corps : celles qui le rapportent
des extrémités, n'en ont point, et s'appellent *veines*.

Il y a encore d'autres vaisseaux destinés
à porter ou contenir d'autres liqueurs;
mais ils ont tous le nom commun de SÉCRÉTEURS ou EXCRÉTEURS; et la liqueur
qu'ils contiennent, suivant sa qualité, en
caractérise le nom particulier.

L'anatomie moderne a pourtant donné
à ceux destinés à la circulation de la lymphe, celui de veines et d'artères lymphatiques.

On entend par lymphe, la partie du
sang qui se coagule dans la poëlette et
se liquéfie à une chaleur douce, au lieu
qu'elle se durcit à un feu violent.

Lorsque ces mêmes filamens se trouvent dans un degré de compaction plus serré que les ligamens, et abreuvés d'un suc visqueux et gluant, ils ont beaucoup plus de ressorts, et sont propres à servir de coussins à des parties plus dures, plus solides et plus cassantes ; savoir, les os, qui se froisseraient continuellement par le contact et se briseraient promptement s'ils n'en étaient revêtus à chacune de leurs extrémités, qui peuvent être sujettes au contact d'un os voisin ; c'est à cet emploi que sont destinés ces cartilages : l'humidité gluante et visqueuse dont ils sont abreuvés, venant à se dessécher, ils acquièrent souvent la dureté des os, et le deviennent même avec le temps.

L'Os enfin se forme de la réunion de quelques fibres, comme le cartilage, mais beaucoup plus serrées, et qui, laissant par conséquent moins de passage au suc qui pourrait les humecter, se dessèchent plus vite.

Des deux substances qui se remarquent dans l'os, l'une, que les anatomistes appellent *vitrée*, est cassante, et l'autre

spongieuse : on peut en entrevoir la raison sur les mêmes principes que nous
avons avancés.

L'on considère dans l'os des éminences
et des cavités.

Les éminences ont deux sortes de noms:
apophyse et *épiphyse.*

L'apophyse est une éminence, saillie,
ou inégalité de l'os, faite par l'expansion
ou prolongation des fibres mêmes de l'os.

L'épiphyse est un os enté sur un autre,
mais plus petit que celui sur lequel il
est enté, et qui s'articule sans mouvement, à la faveur d'un cartilage mince
qui les unit et ne fait des deux os qu'une
pièce solide. Ce cartilage venant à s'os-
sifier soi-même, comme nous avons dit
que cela arrivait quelquefois, l'épiphyse
devient pour lors apophyse.

Les cavités de l'os ont plusieurs sortes
de noms; mais comme ils sont pris de
leur figure, nous en passerons les définitions, qui seraient plus obscures que ce
que nous voudrions définir; car qui ne
sait pas ce que signifie, *trou*, *canal*,
fosse, *sinus* ou *cul-de-sac*, *échancrure*,

sinuosité ou *sillon*, *scissure* ou *gout-tière*, etc.?

Il s'agit plutôt de savoir à présent de quelle manière tant de pièces d'os, dont le corps est composé, sont unies ensemble.

On en distingue de deux sortes, savoir: articulation avec mouvement, et articulation sans mouvement (ou jonction, c'est la même chose).

L'articulation avec mouvement se fait de deux manières: l'une par genou, l'autre par charnière.

Les mécanistes appellent *genou*, le mouvement d'une boule ou sphère dans une cavité presque sphérique, qui par conséquent se meut circulairement et en tout sens : cette dénomination est absolument impropre, car le genou d'aucun animal ne se meut de cette manière; mais ce terme étant universellement consacré à cette manière de mouvoir, et y ayant d'autres parties dans l'animal où cette articulation se trouve, nous en conserverons l'expression.

La charnière est un mouvement limité

à décrire une portion de cercle, à aller
et venir en un seul sens, comme celui
des charnières de tabatières, des couplets
de portes, ou même de celles qui roulent
sur des gonds, dont il se trouve des
exemples dans le corps.

L'articulation sans mouvement s'appelle *suture* ou *commissure*; c'est lorsque les inégalités de deux os se reçoivent réciproquement dans leurs cavités, comme les dents dans leurs alvéoles, les os du crâne les uns avec les autres, les épiphyses avec leurs os, quoiqu'il y ait un cartilage entre-deux. Il est donc aisé de voir que l'on appelle suture ce que les ouvriers appellent *mortaise et queue d'aronde*.

Quelques anatomistes ont donné plusieurs autres espèces d'articulation; mais comme il est aisé de voir, en faisant quelque attention, qu'elles se rapportent nécessairement à une de celles que nous venons d'expliquer, nous les passerons sous silence; nous irons tout de suite au détail des os de l'avant-main, et nous commencerons par ceux de la tête.

ARTICLE PREMIER.

Des Os de l'avant-main.

De la tête.

La tête est une boîte osseuse composée
de plusieurs pièces, dont l'usage est de
contenir les principaux organes des sens
et de les défendre par sa dureté contre
les chocs violens qu'ils pourraient recevoir des corps extérieurs. Elle est composée de deux pièces principales, savoir :
la mâchoire supérieure et l'inférieure.
La mâchoire supérieure (ou le crâne)
est composée de vingt-six os, que l'on
ne peut reconnaître tous, qu'en brisant
le crâne d'un poulain très-jeune ; leurs
jointures ou sutures en font cependant
distinguer plusieurs assez aisément les
uns des autres, surtout dans les jeunes
sujets.

En considérant de face un crâne de
cheval décharné, posé horizontalement
sur une table, et dont on a détaché la
mâchoire inférieure, les deux premiers os
qui se présentent par leur extrémité an-

térieure, sont les maxillaires, lesquels
font les deux côtés de la face du cheval.

Nous appellerons face du cheval, toutes
les parties contenues depuis la partie supérieure des yeux jusqu'au bout du nez,
y compris ce qui est couvert par la lèvre supérieure. Ces os sont percés, dans
leur partie latérale moyenne, d'un trou
ou plutôt d'un canal qui donne passage à
un nerf assez gros, qui vient de la quatrième partie du cerveau; chacun de ces
os est percé, dans sa partie inférieure, de
dix trous, que l'on nomme *alvéoles*,
destinés à loger les dents; savoir : les six
machelières ou molaires à la partie postérieure, à un pouce ou environ de distance du crochet dans les mâ'es; et un
peu plus avant, la dent des coins, ensuite
une mitoyenne et une des pinces à la
partie antérieure, dont les qualités, qui
sont utiles pour la connaissance de l'âge,
sont détaillées dans le chapitre de l'âge.
Nous ajouterons seulement ici, que ces
dents de devant ne servent point à l'animal pour mâcher; il s'en sert pour couper le fourrage et ramener l'aliment, par

le moyen de la langue et des autres muscles de la bouche, vers les grosses dents postérieures, pour le broyer.

Ces deux os, à la partie antérieure, forment, par leur réunion, un petit canal court et contourné, par où sortent les veines du palais, qui vont se perdre dans les lèvres.

Au-dessus de ces os s'en présentent deux autres, qui ont la figure d'un bec d'aigle par le bout; ils sont séparés l'un de l'autre par une longue suture qui traverse le front et remonte jusqu'au sommet: on appelle cette suture la suture droite ou sagittale: ces deux os s'appellent *les pinnes du nez*, et sont articulés chacun de leur côté avec les os maxillaires par une suture qui en porte le nom et est dite *suture pinale*: ces os en leur place forment une espèce de cœur.

La suture sagittale, en remontant vers le sommet, sépare deux autres os, qui sont ceux du front, placés directement sous l'épi ou molette, entre les deux yeux. Chacun de ces os a une apophyse ou saillie, qui fait une grande partie de l'orbite ou contour de l'œil; cette apophyse a un trou, par où sort un nerf qui va au péricrâne.

En remontant plus haut, la même suture sagittale traverse deux os qui paraissent triangulaires, parce qu'ils portent une figure de triangle imprimée sur leur substance, mais qui ne circonscrit point toute leur étendue; qui est beaucoup plus grande: on les appelle *pariétaux*, parce qu'ils sont placés aux deux côtés du front.

Cette suture va enfin se terminer à l'os du toupet, où naît le poil qui porte le même nom.

Les pariétaux sont séparés du coronal par la suture transverse, ainsi appelée parce qu'elle est droite et traverse la face horizontalement; et le coronal l'est des pinnes du nez par l'arcuale, nommée ainsi à cause de sa figure d'arc.

Les os des tempes sont convexes en dehors et concaves en dedans. A leur partie latérale externe, ils produisent une longue apophyse qui est coudée et va fermer l'orbite, en se joignant avec

la saillie de l'os maxillaire; et cette jointure étant recouverte d'un os fort long,
triangulaire, qui est l'os de la pommette, ils forment l'arcade appelée *Zigoma*. Dessous cette apophyse est une
cavité destinée à recevoir le condyle de
la mâchoire inférieure ; et derrière cette
cavité un talon, pour y retenir la mâchoire ; ce talon s'appelle *apophyse
mastoïde*.

Derrière cette apophyse mastoïde il
s'en trouve une autre, longue et pointue
comme une aiguille, que l'on nomme
styloïde.

De ces apophyses styloïdes, qui portent leur direction vers le nœud de la
gorge, partent deux os qui vont à la
partie antérieure du gosier, lesquels s'u-
nissent à angle aigu avec deux autres
plus courts, lesquels, à cause de leur figure, on nomme *les pilons*. Sur les extrémités supérieures de ceux-ci, s'en articule une autre, qui ressemble à une
fourche à deux fourchons, et donne, à
cause de cela, à tout cet assemblage d'os,
le nom commun de *fourchette*. Cet os

est appelé par les anatomistes *hyoïde*;
c'est celui qu'on trouve à la racine des
langues de mouton.

Derrière le toupet se trouve un os
d'une figure singulière, car la tête étant
renversée et couchée aussi horizontalement, en regardant de face la partie
postérieure du crâne qui est remplie par
cet os, il représente assez parfaitement la
tête d'un bœuf; son nom est l'occiput:
il y a trois trous principaux et quatre
apophyses: le plus grand des trous s'ap-
pele *ovale*, et donne passage à la moelle
allongée, qui est la prolongation de la
substance du cerveau, qui règne jusqu'à
la troisième ou quatrième vertèbre de
la queue: les deux autres trous donnent
passage aussi à la moëlle spinale et à la
septième paire de nerfs, lesquels vont
à la langue, à la gorge et à l'os hyoïde.

Des quatre apophyses ou saillies, les
deux plus grosses sont lisses, arrondies,
et sont connues sous le terme consacré de
condyles; les deux autres, qui sont plus
longues, auront le nom de *cornes*, dont
elles représentent la figure.

Il est à ce même os une cinquième saillie ou apophyse, qui se recourbe en dessous, pour servir debase au cerveau; elle n'a point d'autre nom que celui d'*avance occipitale*.

Dans sa partie interne il se trouve une petite lame mince, qui sert de cloison pour séparer le cerveau du cervelet: on l'appelle *la cloison*.

En considérant toujours la base du crâne renversée, le premier os qui suit l'avance de l'occiput est le *sphénoïde*, dérivé d'un mot grec qui signifie coin, lequel achève, avec un autre os que nous allons nommer, *la base du crâne*. Cet os a deux principales apophyses ou saillies, qu'on nomme *ailes*, à cause de leur figure: ces ailes s'élargissent vers le palais, et au bout du plus épais de ses rebords se trouve un petit crochet ou une espèce de poulie fixe, par où passe le tendon du péristaphylin, muscle destiné à relever la luette.

Du milieu de cet os part une autre lame osseuse, tranchante d'un côté, sillonnée de l'autre en forme de gouttière,

longue et mince comme un poignard,
laquelle va finir à la symphyse ou réunion
des os maxillaires. Cet os est dit *vomer*,
par la ressemblance qu'il a au soc d'une
charrue.

De cet os tout spongieux se prolongent
quatre lames osseuses percées d'une infinité de petits trous et repliées comme
des cornets, attachées aux parois internes
des maxillaires, deux de chaque côté du
vomer; nous les appellerons *les cornets
du nez.*

Le vomer allant s'insérer par son extrémité aux os maxillaires, s'attache,
en passant, aux os du palais, lesquels
sont enfermés entre les ailes du sphénoïde et les os maxillaires. Ces os du
palais ont chacun un trou, que l'on appelle *gustatif*, parce que les nerfs du
goût passent par ce trou : à leur réunion
l'un avec l'autre ils forment un petit bec,
où s'attache la luette.

Nous venons de voir tous les os qui se
trouvent situés sur une même ligne, depuis une extrémité du crâne jusqu'à l'autre, tant en dessus qu'en dessous; il nous

en reste trois de chaque côté, pour achever le contour de la face du crâne. Deux de ces os forment une grande partie de l'orbite, et sont articulés avec l'os maxillaire par une suture ; l'un s'articule de plus avec un des pinnes du nez et le coronal, et s'appelle *l'os du grand angle de l'œil*; c'est celui qui est le plus près du front. Dans cet os est creusé un petit canal pour le sac lacrymal : sur le rebord que forme l'orbite, est une échancrure pour le passage d'un cordon de nerfs qui va aux muscles et au globe de l'œil. L'autre cs à côté a une apophyse ou saillie, qui par sa production achève une grande partie de l'orbite, fait le petit angle, et forme la moitié de cette arcade qui fait une espèce d'anse à la tête. Cet os est *l'os de la pommette.*

Enfin le troisième et dernier des os apparens du crâne, est un os enclavé dans la partie inférieure et postérieure de l'os des tempes et fermé par la base d'une corne de l'os occipital : cet os est nommé *pierreux* par les uns, et *éponge* ou *spongieux* par d'autres; sa dureté ne laisse pas d'être assez considérable, il est fort irrégulier et composé de plusieurs parties qui ont chacune leur nom. Cet os est creux et sa cavité se nomme *chambre intérieure de l'oreille*; le conduit s'appelle le *tuyau*. Ceux qui seront curieux de connaître parfaitement la mécanique de cette partie, consulteront l'ouvrage de M. du Verney, qui en a fait un traité fort savant; nous nous contenterons de dire, que c'est dans cette chambre intérieure que sont renfermés les principaux organes de l'ouïe, lesquels sont osseux, membraneux et musculeux: les osseux, que l'on ne peut voir sans briser le crâne, sont au nombre de trois: l'étrier, l'enclume et le marteau, nommés ainsi à cause de leur figure.

Le dernier des os de la tête est l'os de la mâchoire inférieure; sa figure est assez connue: la partie antérieure s'appelle *le menton*, où sont logées, dans autant d'alvéoles, huit dents, y compris les crochets, dont le nom et la description ont été donnés dans le chapitre de l'âge. Depuis le crochet jusqu'aux mo-

laires, qui sont six de chaque côté, il y
a un intervalle, qui est la place où se
met le mors, lequel est recouvert par la
gencive; c'est en cet endroit que se trouvent les barres : on voit à la partie latérale externe une espèce de trou, qui
est le débouché d'un canal appelé *conduit mentonnier*, par où passe un gros
rameau de nerfs qui en distribue un
surgeon à chaque dent.

Les deux apophyses larges de la partie
postérieure de cet os qui forme la ganache, sont partagées en deux autres apophyses, dont celle qui a une tête s'appelle *condyle*, et s'articule par charnière dans une fosse de l'apophyse mastoïde; mais comme cette charnière est
mobile elle-même comme dans une espèce de coulisse, elle forme un mouvement ovalaire ou elliptique, qui imite le
genou, quoique ce n'en soit pas un. L'autre apophyse se nomme *coronoïde*, et
donne attache à de forts muscles qui
viennent des tempes. A la partie interne
de cette mâchoire on voit deux grands

14*

trous, qui sont l'entrée des conduits men-
tonniers.

Il est à remarquer que la mâchoire
inférieure est plus étroite que la supérieure, de la largeur des deux rangs des
dents supérieures, puisque la ligne externe, qui passerait sur le bord des dents
molaires de la mâchoire inférieure de
chaque côté, vient frapper précisément
contre la ligne interne des supérieures :
la raison en est, que celles-ci sont des-
tinées à broyer les alimens; c'est pourquoi il n'en est pas de même des antérieures, qui, servant à trancher, sont
posées juste l'une sur l'autre, comme des
forces. Cette mâchoire est la seule mobile.

Des Os du col, ou Vertèbres.

L'on appelle *vertèbres* tous les os qui,
depuis la nuque, forment une espèce de
chaîne jusqu'au bout de la queue.

Le col en a sept : la première s'appelle
atlas, en mémoire sans doute de ce
fameux héros, que l'histoire antique
nous assure avoir porté le globe de l'uni-

vers. Cette vertèbre est composée de sept
apophyses, quatre antérieures ou supérieures, qui forment une cavité ovalaire, où la tête s'articule par un genou ayant mouvement libre en tous sens,
limité pourtant par ces mêmes apophyses pour ne point comprimer la moelle
allongée qui passe par un large trou
qui se trouve au fond de cette cavité ;
deux apophyses latérales, qui ressemblent
assez à des oreilles de chien, surtout
par la partie supérieure ; et une autre
inférieure, ou nazale, parce qu'elle ressemble parfaitement à un bout de nez.

La deuxième vertèbre s'appelle *le pivot*, parce que cette première, qui est
assez fortement serrée contre la tête,
tourne dessus comme sur un pivot : elle
a aussi sept apophyses, dont la première
s'appelle *odontoïde*, parce qu'elle ressemble à une dent : elle sert de pivot à
la tête par le moyen de la première vertèbre, qui tourne sur celle-ci à droite
et à gauche : deux larges têtes se trouvent au côté de celle-ci, que l'on appelle
condyles ; deux latérales ou épineuses,

la nazale qui est beaucoup plus grande
que celle de la première vertèbre, et la
postérieure ou stomacale, parce qu'elle
représente, d'un certain sens, très-parfai-
tement, un estomac de volaille, dont on
a levé les aîles et les cuisses.

Cette vertèbre, aussi bien que toutes
les autres jusqu'au bassin, sont percées
d'un canal pour le passage de la moelle
allongée. Sous la base de l'apophye nazale, est une large cavité ronde, où
roule une tête parfaitement ronde de la
troisième vertèbre; ainsi cette vertèbre
s'articule avec la première par charnière,
et avec la troisième par genou, aussi
bien que toutes les suivantes, qui s'articulent par genou.

Les cinq autres ont chacune une tête
et une cavité ronde, par lesquelles elles
s'articulent ensemble par genou.]

Pour achever l'avant-main, il nous
reste à parler des extrémités antérieures,
que nous pourrons subdiviser en cinq
parties, savoir : l'épaule, le bras, le genou, le canon et le pied.

L'épaule est composée de deux os. Le

premier s'appelle *l'omoplate*, les bouchers l'appellent *palleron*, prétendant, parce qu'il est plat, qu'il a la figure d'une paëlle. Le deuxième est *l'humérus*, ou proprement *l'os de l'épaule.*

L'omoplate est un os triangulaire d'environ un pied de longueur, assez plat dans toute son étendue, un peu concave du côté qui est appuyé sur les côtes, et convexe de l'autre côté. Sur le côté convexe est une saillie ou apophyse longue que l'on appelle *l'épine.* Cette épine, qui sépare les deux côtés les plus longs de ce triangle, vient finir avec eux à une espèce de tête ronde creusée sphériquement pour recevoir la tête de l'humérus.

L'humérus est un os plus court que le précédent, mais plus fort, plus gros, et un peu contourné en S. Cet os est creux et contient beaucoup de moelle ; il s'articule avec le précédent par genou, et sert à faire le mouvement que l'on appelle *chevaler*, dans les chevaux. Cet os a, vers le milieu de sa longueur, une saillie éminente, ronde, convexe d'un côté, et concave de l'autre, qui donne attache à des muscles : l'autre extrémité finit par deux têtes ou condyles séparés à la partie postérieure par une scissure ou rainure destinée à recevoir une saillie de l'os du coude avec lequel celui-ci s'articule par charnière.

Le bras fait la deuxième partie : il est composé de deux os, qui sont comme soudés ensemble ; le plus gros est le rayon; et l'autre, qui forme une espèce de talon, est ce que nous avons appelé *le coude* ou *cubitus*.

Le genou est la troisième partie; il est composé de sept os qui forment une masse osseuse retenue par plusieurs ligamens : cette multiplicité d'os rend cette articulation beaucoup plus souple. Il serait trop long pour cet ouvrage, d'en donner ici la description : nous dirons seulement que toute cette masse s'articule avec le bras et avec le canon par charnière, quoique ce soit le genou.

La quatrième partie est le canon, qui est un os plus court que le rayon, mais d'une figure à peu près semblable, sur lequel sont soudés à la partie postérieure et intérieure, dans la longueur, aussi deux autres petits os longs et secs, que nous appellerons *ses épines*.

La cinquième et dernière partie, enfin, est le pied, composé de six os, savoir : les deux os triangulaires, l'os du paturon, celui de la couronne, le petit pied, et le sous-noyau.

Les deux os triangulaires sont placés directement derrière la jointure du canon et du paturon, et forment le boulet.

L'os du paturon est un diminutif de l'os du canon, et est le seul.

Celui de la couronne est le diminutif du paturon.

Le petit pied est un os triangulaire, arrondi par devant. La partie supérieure représente l'empeigne d'une mule de femme, avec un petit bec sur le cou de pied, et l'inférieure représente un fer à cheval. Le sabot, dans lequel est renfermé le petit pied, est une corne dure par-dessous, plus tendre par-dessus, et sillonnée en dedans comme les

feuilles qui sont sous la tête d'un cham-
pignon.

Quant au corps entier de toute la
jambe, y compris l'épaule, il ne s'articule avec aucun os du corps; mais il est
attaché avec la partie latérale antérieure
de la poitrine par de forts ligamens et
de forts muscles.

ARTICLE II.

Des Os du corps.

Le corps est composé des vertèbres,
des côtes, et de l'os triangulaire appelé
sternum ou *os de la poitrine*.

Les vertèbres sont des os d'une forme
irrégulière, lesquels contiennent cette
chaîne qui commence à la nuque et finit
au bout de la queue.

Elles ont toutes une saillie épineuse à
la partie supérieure, à la différence du
col; les quatre premières croissent par
degrés : les quatrième et cinquième sont
les plus longues et forment le garot; puis
elles vont en diminuant jusqu'à la dou-
zième : les six suivantes sont égales.

Elles s'articulent ensemble par le genou, comme celles du col, et par un cartilage p us épais.

Sur ces dix-huit vertèbres s'articulent par charnière autant de côtes de chaque côté ; voici de quelle façon:

Chaque côte a deux têtes, une ronde, et une plate et lisse ; la ronde s'articule dans une cavité sphérique qui est pratiquée dans la partie postérieure et inférieure de la vertèbre qui est la plus proche du col, et elle s'articule sur la suivante, qui est du côté de la croupe, par sa tête plate, qui fait un double jeu nécessaire pour le mouvement de la poitrine: ainsi il y a dans cette articulation charnière et genou.

A l'extrémité de chacune des côtes se trouve un cartilage fort, et cependant un peu souple, lequel se confond avec les extrémités cartilagineuses d'un os ou de plusieurs os, qui, avec l'âge, s'ossifient en un, que l'on appelle *sternum* ou *triangulaire*, parce qu'étant détaché de la partie osseuse des côtes, il représente une échelle triangulaire qui n'aurait qu'un montant, lequel serait dans le milieu.   15*

Il n'y a que les neuf premières côtes qui s'articulent immédiatement avec cet os, les autres se joignent au cartilage de la neuvième par de longues expansions cartilagineuses couchées les unes sur les autres.

L'os de la poitrine, appelé *sternum*, est le point de réunion de toutes les côtes à leur partie inférieure. Cet os finit vers le ventre par un cartilage pointu comme l'extrémité d'un poignard ; ce qui lui a fait donner le nom de *xiphoïde*, qui signifie épée.

Après les dix-huit vertèbres qui soutiennent les côtes, s'en trouvent six autres que l'on nomme *lombaires des lombes* ou *rognons*. Ces six vertèbres sont assez semblables entr'elles, mais figurées différemment de celles du coffre ; on les distingue de toutes les autres, parce qu'elles n'ont que trois saillies grandes, larges et plates, deux latérales, et une supérieure, qui est la plus large et la plus courte. Le corps de la vertèbre est percé comme toutes les précédentes pour le passage de la moelle allongée : elles s'articulent aussi

par genou ; mais il arrive quelquefois,
par maladie, qu'elles s'ossifient plusieurs
ensemble.

Des Os de l'arrière-main.

Les os de l'arrière-main comprennent
l'os sacrum, les os des îles ou des hanches,
les cuisses, le jarret, les jambes de derrière, la queue.

L'os sacrum est un os triangulaire un
peu recourbé par la pointe, et un peu
concave par sa partie inférieure ou interne, convexe par sa partie extérieure.
Cet os est une suite de cinq vertèbres os-
sifiées ensemble naturellement dès la plus
tendre jeunesse de l'animal. Ces cinq vertèbres se distinguent encore dans l'adulte
qui est pour le cheval l'âge de 4 ou 5 ans,
par les apophyses épineuses ou supérieures qui sont parfaitement conservées ;
la première même de ces vertèbres conserve aussi les deux apophyses latérales et
les a beaucoup plus fortes que les précédentes. Ces apophyses ont un côté grenu,
par lequel elles s'articulent par suture

avec les bords internes de l'os des îles, à la faveur d'une lame cartilagineuse qui en fait le ciment et s'efface avec le tems.

Cet os est percé d'un canal dans sa longueur pour le passage de la moelle allongée, à la partie interne : il y a quatre trous de chaque côté et deux échancrures, une en haut et une en bas de chaque côté pour la sortie des nerfs sciatiques, qui sont les nerfs de la cuisse.

A l'extrémité de cet os commence la queue, dont les deux ou trois premiers nœuds sont percés encore pour le passage de la moelle : les suivans ne le sont plus, et sont collés les uns aux autres par des cartilages fort gluans; les filamens de nerfs se répandent et parviennent ainsi jusqu'à l'extrémité de la queue. Ces os sont au nombre de dix-sept.

Reste présentement à expliquer les os des îles de la cuisse et des jambes de derrière.

Les os des îles sont deux, un de chaque côté, qui se joignent dans le quadrupède à la partie inférieure, où naissent les parties génitales dans les mâles, par une suture que l'on nomme *pubis*.

Chacun de ces os est subdivisé en trois par les anatomistes : l'iléon, l'ischion et le pubis.

L'iléon est la partie supérieure, large et évasée comme une palette, qui s'articule par suture avec l'os sacrum.

Le pubis, est celle qui s'articule par la suture qui joint les deux os du côté droit et du gauche.

L'ischion, est cette pointe supérieure excédente, qui vient se terminer dans le milieu de cette grande cavité ronde, que l'on nomme *cotyloïde* par la ressemblance qu'elle a à une écuelle.

Les traces de cette réunion s'effacent dans un âge si peu avancé, qu'il n'en reste dans l'adulte aucun vestige. De chaque côté de la suture du pubis se trouve un large trou, appelé, de sa figure ovale, *ovalaire*. Il n'a d'autre usage que de rendre cet os plus léger.

Dans cette cavité cotyloïde est une grosse tête ronde d'un os fort gros et assez long, creux et plein de moelle. Cet os s'appelle *le fémur*. On remarque

dans cet os quatre principales éminences
ou apophyses. Les deux supérieures, qui
ne forment qu'une seule marche four-
chue, se nomment *le grand trocanter* :
c'est la pareille éminence, qui dans
l'homme soutient la culotte. La troisième éminence, qui se trouve au-dessus,
s'appelle *le petit trocanter* : la quatrième est opposée à celle-ci et à la partie
interne ; nous la nommerons *apophyse
intérieure*. Au bas de cet os, à la partie
latérale externe, est une fosse profonde
à loger une noix. Toutes ces apophyses
et cavités donnent attache à des muscles
ou tendons.

L'extrémité de cet os se termine par
deux forts condyles, séparés l'un de l'autre par de larges sillons, où sont attachés de courts et forts ligamens, qu'on
nomme *croisés*.

Cet os s'articule avec le suivant par
charnière ; cette articulation est ce que
nous avons nommé ailleurs *le grasset* ;
et cette jointure est recouverte par un
os, que l'on nomme *la rotule* ou *l'os
carré*.

Nous avons appelé l'os qui joint celui-ci, *l'os de la cuisse*. Cet os ressemble à un prisme triangulaire ; il est creux et plein de moelle, sa tête supérieure est une épiphyse fort inégale ; il finit en bas par trois éminences qui forment deux cavités semi-circulaires fort lisses : c'est pour former une charnière avec un os qui est dessous, que l'on nomme *la poulie*, parce qu'il ressemble assez par devant à cette machine.

Derrière la poulie est un os que nous avons nommé *la pointe du jarret*.

Sous ces deux s'en trouvent quatre autres petits, qui sont *les osselets*.

Sous ceux-ci, le canon, qui est un peu plus long qu'à la jambe antérieure. Les autres sont semblables à ceux des jambes de devant.

Tous ces os sont recouverts d'une membrane toute nerveuse, fort étendue, et par conséquent très-sensible, que l'on nomme *le périoste*; c'est cette membrane qui fait ressentir une douleur si aiguë, quand on reçoit un coup sur un os.

Le périoste du crâne a seul un nom

particulier, et est formé par l'expansion
de plusieurs filets nerveux et membraneux qui, se détachant de la dure-mère
au travers des sutures, vient, par leur
nouvelle réunion en une seule membrane, former cette enveloppe autour
des os de la tête, et se nomme *péricrâne*.

CHAPITRE X.

DE LA DIFFÉRENCE DES POILS.

Plusieurs auteurs, sur-tout les Italiens,
ont fait d'amples dissertations sur la cons-
titution du cheval, par rapport à la différence des poils ; mais comme je suis
persuadé que ce n'est qu'un jeu de la
nature, et que de tous poils il y a de
bons chevaux, je donnerai simplement
le nom et la définition de chaque poil.

C'est un terme impropre que de dire :
ce cheval est de telle couleur, il faut dire,
d'un tel poil ou d'une telle robe.

Le cheval BAI est le plus commun de
tous les poils. Il est de couleur de châ-

taigne, plus ou moins claire ou obs-
cure; ce qui forme les différens bais,
comme bai clair, bai châtain, bai brun,
bai doré, bai à miroir.

Bai clair, est celui dont la couleur
est plus claire que celle d'une châtaigne.

Bai chatain, est celui qui est de la
couleur d'une châtaigne.

Bai brun, est un bai très-obscur, et
presque noir, excepté aux flancs et au
bout du nez; et alors on dit, qu'un
cheval a du feu, c'est-à-dire, des poils
roux.

Bai doré, est celui dont le fond du
poil est de couleur jaune.

Bai a miroir, ou Bai miroité, est celui qui a des marques sur la croupe, d'un
bai plus obscur.

Il faut remarquer que tous les chevaux bais ont les extrémités, les crins
et la queue noirs.

Noir. Il y a deux sortes de noir : noir
jais, et noir mal teint.

Noir jais, est un noir clair et beau.

Noir mal teint, est un noir brun, qui a
les flancs et les extrémités lavés, c'est-
à-dire, d'un poil plus déteint.

Gris, est celui dont le poil est mêlé de blanc et de noir.

Il y a gris pommelé, gris sale, gris argenté.

Gris pommelé, est celui qui a sur la croupe et sur le corps des espèces de pelotes, les unes plus noires, les autres plus blanches.

Gris sale, est un poil où il y a plus de noir que de blanc.

Gris argenté, a très-peu de poils noirs, semés sur un fond blanc et clair.

Tigre, est un gris tisonné, qui a des marques larges et toutes noires sur un poil blanc.

Poil d'Etourneau, est une espèce de gris encore plus brun que le gris sale; il faut remarquer que tous les chevaux gris, quand ils sont vieux, deviennent blancs, et qu'il y a très-peu de poulains qui naissent tout-à-fait blancs.

Pie, est un mélange de blanc et d'une autre couleur par grands placards.

Il y a trois sortes de chevaux pies : Pie noir, Pie bai, et Pie alzan.

Alzan, est une espèce de bai roux, comme le poil des vaches.

Il y a alzan clair et alzan brûlé.

Alzan clair, est celui qui a moins de roux.

Alzan brûlé , est un alzan foncé fort brun.

ROUHAN, est un poil mêlé de rouge et de blanc. Il y a rouhan vineux, et rouhan cap-de-maure.

Rouhan vineux, est celui qui tire plus sur le rouge.

Rouhan cap-de-maure, a la tête et les extrémités noires, et le reste du corps rouhan.

RUBICAN, c'est lorsqu'un cheval noir, bai, ou alzan, a des poils blancs semés par le corps, sur-tout aux flancs.

POIL DE SOURIS, est celui qui est de la couleur de cet animal ; il y en a de ce poil, qui ont la raie noire sur le dos

LOUVET, se dit des chevaux qui ont un poil de loup : il y en a de clairs et d'obscurs ; quelques-uns ont aussi la raie noire sur le dos.

AUBER, MILLE-FLEUR, FLEUR DE PÊ-CHER, sont la même chose. Ce poil a la couleur de fleur de pêcher.

TRUITÉ ; on donne ce nom au cheval

qui a le fond du poil blanc, et le corps et la tête mouchetés de petites marques rousses ou alzanes.

PORCELAINE, est un poil bizarre, dont le fond est blanc, avec des taches sur tout le corps, comme on voit sur les vases de porcelaine.

ISABELLE, est une espèce de jaune clair qui tire sur le blanc. Isabelle doré, est un jaune plus vif.

SOUPE DE LAIT, est une espèce de blanc sale.

Tous les chevaux, de quelque poil qu'ils soient, qui ont les extrémités, les crins et la queue noirs, sont les plus estimés, et sont effectivement les plus beaux à la vue.

Ceux qui ont les flancs et les extrémités lavés, sont communément moins estimés.

La nature varie tant en fait de couleurs, qu'il se trouve beaucoup d'autres poils, dont nous ne rapportons point le nom, parce qu'on leur donne celui qui approche le plus de ceux dont on vient de donner la définition.

On appelle un cheval zain, celui qui n'a aucune marque blanche naturelle. C'est pourquoi les chevaux blancs ou gris ne peuvent pas s'appeler zains.

Tous les chevaux nés dans les pays orientaux et méridionaux, comme turcs, persans, arabes, barbes, ont le poil beaucoup plus ras que les autres chevaux.

Quand le bas de la jambe d'un cheval est blanc, cette marque s'appelle *balzane*.

De ceux qui ont des balzanes, les uns s'appellent *travat*, les autres *trastravat*.

Quand un cheval a le bas de la jambe de derrière et de celle de devant du même côté, blanc, on l'appelle *travat*.

TRASTRAVAT, est celui dont les balzanes sont opposées. Quand, par exemple la jambe de devant, hors du montoir, et celle de derrière du côté du montoir, ou bien celle de devant du côté du montoir, et celle de derrière hors du montoir, sont blanches, cela s'appelle *trastravat*.

Il y a des chevaux balzans des quatre

pieds, c'est-à-dire, qui ont le bas des quatre jambes blanc.

Il y en a qui ont des balzanes mouchetées de noir, qu'on appelle *jambes herminées*.

L'étoile ou pelote, est une marque blanche au front du cheval. Si la marque blanche prend depuis le front jusqu'au bas de la tête, cela s'appelle *chanfrein blanc*, ou *belle face*.

Quand un cheval est zain, on peut lui faire une pelote artificielle, comme nous l'enseignerons dans la troisième Partie.

On appelle *épi* ou *molette* le retour du poil que les chevaux ont au front, aux flancs et autres endroits, et qui est à contre-sens.

L'ÉPÉE ROMAINE, est un épi ou retour de poil qui règne à quelques chevaux le long de la crinière ; cette marque est rare et fort estimée des curieux en poil.

COUP DE LANCE, est une cavité sans cicatrice ; qui se trouve au col ou à l'épaule de quelques chevaux turcs, barbes et espagnols.

Les curieux attribuent aux chevaux qui portent ces marques, des qualités infinies; mais les auteurs qui ont simplement écrit sur les conjectures que l'on doit tirer de ces différentes marques et de ces différens poils, ont l'expérience contr'eux, car elle prouve que la bonté d'un cheval dépend de sa ressource et de sa vigueur, qui sont des qualités intérieures, et non de son poil ni de ses marques extérieures. Il n'y a qu'une seule chose à dire là-dessus; c'est que pour le coup d'œil, certaines marques et certains poils plaisent plus que les autres.

Remarques sur les chevaux de différens pays.

Tous les auteurs ont donné la préférence au cheval d'Espagne, et l'ont regardé comme le premier de tous les chevaux pour le manège, à cause de son agilité, de ses ressorts et de sa cadence naturelle : pour la pompe et la parade, à cause de sa fierté, de sa grâce et de sa noblesse ; pour la guerre, dans un jour d'affaire, par son courage et sa docilité. Quelques-uns s'en servent pour la chasse et pour le carosse; mais c'est dommage de sacrifier à ce dernier usage un si noble animal.

M. le duc de Newcastle, qui donne de grands éloges au cheval d'Espagne, ne lui trouve qu'un défaut, qui est d'avoir trop de mémoire ; parce qu'il s'en sert pour manier de soi-même et pour prévenir la volonté du cavalier ; mais ce défaut, si c'en est un, n'est que l'effet de sa gentillesse et de sa ressource, dont il est aisé de profiter, en suivant les principes de la vraie école.

C'est des haras d'Andalousie que sortent les meilleurs chevaux. La race en avait été bien abâtardie dans les derniers temps, par l'avarice de ceux qui les gouvernaient et qui préféraient les mulets aux chevaux, parce qu'ils en tiraient plus de profit; mais depuis quelques années on a remédié à cet abus.

Le cheval barbe est plus froid et plus négligent dans son allure; mais lorsqu'il est recherché, on lui trouve beaucoup de nerf, de légèreté et d'haleine. Il réussit parfaitement aux airs relevés, et dure long-temps dans une école. En France, on se sert plus volontiers de chevaux barbes que de chevaux d'Espagne pour les haras. Ce sont d'excellens étalons pour tirer des chevaux de chasse: les chevaux d'Espagne ne réussissent pas de même, parce qu'ils produisent des chevaux de plus utile taille que la leur; ce qui est le contraire du barbe.

Les Napolitains sont pour la plupart indociles, et par conséquent difficiles à dresser. Leur figure ne prévient pas d'abord, parce qu'ils ont ordinairement la tête trop grosse, et l'encolure trop épaisse; mais ils ne laissent pas, avec ces défauts, d'être fiers et d'avoir de beaux mouvemens. Un attelage de chevaux napolitains bien choisis et bien dressés à cet usage est fort estimé.

Les chevaux turcs ne sont pas si bien proportionnés que les barbes et les chevaux d'Espagne. Ils ont pour la plupart l'encolure effilée, le dos trop relevé; ils sont trop longs de corps, et avec cela ont la bouche sèche, l'appui mal aisé, peu de mémoire, sont colères, paresseux; et

16*

quand ils sont recherchés, ils partent par élans, et à l'arrêt ils s'abandonnent sur l'appui et sur les épaules; ils ont encore les jambes très menues, mais très-nerveuses; et quoique les paturons soient longs, ils ne sont pas trop flexibles. Ils sont grands travailleurs à la campagne avec peu de nourriture, de longue haleine, peu sujets aux maladies. Par ces qualités et par ces défauts, il est aisé de juger que les chevaux turcs sont plus propres pour la course que pour le manège.

Les haras d'Allemagne sont entretenus d'étalons turcs, barbes, espagnols et napolitains, c'est pourquoi il y a dans ce pays de parfaitement beaux chevaux ; mais peu réussissent bien à la chasse, parce que ceux qui y sont nés n'ont pas ordinairement beaucoup d'haleine.

M. de la Broue dit que les chevaux allemands sont naturellement malicieux et ramingues. Ce qu'on attribuait de son tems à leur mauvais naturel, provenait peut-être de l'imprudence de ceux qui, en les exerçant, les recherchaient d'abord avec trop de violence et de sujétion.

Les chevaux danois sont bien moulés et ont de beaux mouvemens ; on en fait de braves sauteurs. Ils sont excellens pour la guerre, et l'on tire de ce pays de superbes attelages.

Il y a deux provinces en France d'où l'on tire de fort beaux et bons chevaux, le Limousin et la Normandie. Les chevaux limousins tiennent beaucoup du barbe, aussi sont-ils excellens pour la chasse. Le cheval normand est meilleur pour la guerre que pour la chasse. Il a plus de dessous, c'est-à-dire plus de jambes, et est plutôt en état de rendre service que le limousin, qui n'est dans sa force qu'à huit ans. Depuis qu'on a mis en Normandie des étalons de taille et étoffés, on en tire de parfaitement beaux chevaux de carosse, qui ont plus de légèreté, plus de ressource, et une aussi belle figure que les chevaux d'Hollande.

Les chevaux anglais sont les plus recherchés pour la course et pour la chasse, par leur haleine, leur force. leur hardiesse et la légèreté avec laquelle ils franchissent les haies et les fossés. S'ils étaient assouplis

par les règles de l'art avant de les faire
courre (ce que l'on pratique peu), les
ressorts en seraient plus lians, se con-
serveraient plus long temps, et le cavalier serait plus commodément ; ils au-
raient la bouche plus assurée, et ils ne
seraient pas si sujets, comme le dit
M. le duc de Newcastle, à rompre le
col à leur homme, quand ils cessent de
galopper sur le tapis, c'est-à-dire sur
le terrain uni. Les meilleurs sont de la
province d'York shire.

On se sert communément en France
des chevaux d'Hollande pour le carosse.
Ceux de la Northollande ou de Frise sont
les meilleurs.

Il y a beaucoup de chevaux flamands
qu'on veut faire passer pour chevaux de
Hollande ; mais presque tous pèchent
pour avoir les pieds plats, ce qui est un
des plus grands défauts qu'un cheval
de carosse puisse avoir.

CHAPITRE XI.

PRODIGES ET PHÉNOMÈNES DES CHEVAUX.

Anecdotes historiques à ce sujet, et Particularités curieuses.

Le cheval étant, de tous les animaux qui servent aux plaisirs de l'homme celui qui lui est le plus cher, celui, dis-je, qui participe le plus à sa gloire, à ses travaux, à ses agrémens, il n'est pas étonnant que le luxe, l'utilité ou même les caprices, y fassent mettre souvent des prix fous. Il y a donc eu des chevaux qui ont été payés des sommes immenses. Tel seigneur anglais a payé à Londres jusqu'à 1500 guinées. Le prince Eugène en a possédé un qui lui avait coûté mille sequins. Alexandre le-Grand a donné pour sa monture immortelle, le fameux *Bucéphale*, treize talens, autrement dit 39,000 francs de notre monnaie. *Tavernier* dit dans ses *voyages*, qu'on voit souvent vendre des chevaux arabes la valeur de 100,000 écus!

On n'a pas oublié que les chevaux, dans l'antiquité grecque ou romaine, reçurent, dans les cérémonies d'un triomphe des honneurs, des dignités, et partagèrent en commun celles de leurs maîtres. Caligula érigea son cheval au titre de consul : nous ne prétendons pas justifier cet excès d'extravagance de la part d'un affreux tyran, qui est ridicule, quand il n'est pas cruel.

Quant aux Arabes de l'Arabie-Pétrée, ils font vraiment des divinités de leurs jumens, leur pendent des amulettes au cou, leur tiennent de superbes discours la veille d'un combat ou d'une expédition, et leur portent enfin plus d'affection qu'à leur sérail. On sait encore que l'Allemand est esclave de son cheval ; c'est son ami, son amusement, son unique pensée.

Varron avance qu'un sénateur nommé Quintus-Axius paya un cheval 4,000,000 sesterces ; or, cela fait à peu-près, si je ne me trompe, 50,000 francs.

Un de nos maréchaux de France montait à la bataille de Friedland une ju-

ment magnifique qui fit QUARANTE LIEUES
dans cette journée mémorable. — On a
vu un cheval normand qui allait l'amble,
arriver de Paris à Bayonne en 6 jours;
il y a cent quatre-vingts lieues. Ce cheval n'était nullement altéré.

Les criminels se sont servis souvent de
la vitesse prodigieuse d'un cheval, pour
se sauver par le refuge d'un *alibi*. Tel
cet Anglais qui commit un menrtre à
Windsor, et parut le soir même près de
Nottingham; il y a 60 lieues de France!
Quelle probabilité qu'il fût le coupable,
puisque cette course d'une seule haleine
est vraiment un prodige! Et qui le croirait? le cheval n'en mourut pas. Cependant le crime laisse toujours après lui
quelques traces révélatrices : un anneau
de la gourmette s'était détaché, quelques
angles de grosses pierres avaient été
éraillés par les fers, et en avaient con-
servé l'empreinte ferrugineuse ; des
branches avaient été courbées dans la
direction de cette fuite; un enfant avait
reçu au front une blessure de l'éclat d'un
caillou lancé par les pieds du cheval; il

17

avait dit à mère en sortant du bois, qu'il avait vu *un fantôme* passer dans les airs; bref la cumulation de beaucoup d'inductions équivalut à des preuves, et *l'alibi* fut détruit.

Nous ne parlerons pas de la rossinante de Don-Quichotte; sa célébrité ne vient que de l'originalité du héros bizarre qui la montait. Citons plutôt le superbe cheval d'Espagne qui, dressé et aussi adroit qu'un chat, montait, descendait un long et tortueux escalier, pivotait rapidement les quatre pieds réunis dans le diamètre d'une petite assiette; mais ce comble de l'art du manège peut-il étonner ici, quand on a tous les jours sous les yeux le cirque de MM. Franconi, où le cheval, instruit au plus haut degré, acquiert toute l'intelligence, toute la docilité du chien même, affronte le feu, demeure immobile aux coups de pistolet, rapporte à genoux un mouchoir, revient sur le bruit du fouet de la chambrière, et, œuvre étonnante de l'art, sous le frein des brides et des mors compliqués, part en cadence, comme un automate insensible, sans jamais précipiter ses allures méthodiques, et con-

serve dans sa fougue même une mesure
invariable, propice aux voltiges de celui
qui le monte ! ! ! Voilà, on peut le dire
sans hyperbole, des miracles en fait d'é-
quitation. On ne finirait pas, si l'on voulait entrer dans de grands détails sur la
perfection employée par MM. Franconi;
c'est vraiment dans ce Gymnase équestre
que l'art reste vainqueur de la nature.
Beaucoup d'autres animaux y subissent
le joug de leur science, et nous ne déses-
pérons pas d'y voir un jour des éléphans
danser un quadrille. Les procédés de
ces habiles écuyers consistent, nonobs-
tant toutes les ressources des manèges,
des mors faits exprès, des exercices fréquens, dans la privation de la nourriture
et du sommeil qui, la dernière surtout,
pour le cheval, est très-sensible, puis dans
les caresses, les sucreries auxquelles l'animal s'habitue quand il est jeune. — Veut-
on lui faire donner un baiser, ou toute
autre action, le morceau attrayant est
adroitement caché, et il paraît obéir,
tandis qu'il ne cherche que l'objet de
sa gourmandise. Il y a pourtant divers

17*

autres prodiges de manège, qui ne sont
que le fruit de la patience et des plus
profondes études du caractère et de la
construction du cheval.

Quant aux paris, on sait quelle est
leur fureur à Londres. En France même
on rapporte qu'un prince fit une fois le
pari d'arriver de Fontainebleau à Paris
en 14 *minutes*.... Il le gagna. — Plusieurs chevaux, aussi rapides que le cerf,
ont franchi, pour sauver leur maître
dans une bataille, des rivières de 20 pieds
de large. — Les chevaux ont aussi leurs
nains : on a vu un dauphin de France
posséder un attelage complet de six petits chevaux soupe de lait, absolum.ent
pareils, et pas plus gros qu'un fort mouton. La robe d'un cheval a aussi ses mer-
veilles. On en a amené un d'Égypte au
premier Consul, dont le poil magnifique
semblait au soleil un vêtement de feuille
d'argent et de vermeil. — On se rappelle
que le maréchal de Richelieu, ambassa-
deur à Vienne, fit pour son entrée, mémorable en luxe, ferrer les chevaux de
outes ses voitures en argent, de manière

à ce que les fers mal attachés tombassent, et que le peuple pût les ramasser. Beaucoup de chevaux blancs ont été également célèbres : Bonaparte monta souvent un cheval blanc, qui, lancé au grand galop sur le front de bandière d'un bataillon, pouvait s'arrêter tout court sur la poitrine des soldats, sans les toucher. Charlemagne préférait aussi un cheval blanc, ainsi que Charles-Quint.

M. le marquis de la Fayette en possédait un d'une beauté rare ; le peuple se plaisait à le reconnaître de loin dans les principaux événemens de notre révolution. Mais c'est assez sur ce sujet de pur agrément, qui ne laisse pas de s'éloigner du but utile que nous avons uniquement en vue.

CHAPITRE XII.

DE LA FERRURE.

La ferrure est, de toutes les parties qui regardent la connaissance du cheval, une des plus utiles, et qui mérite le plus d'attention, puisqu'on voit tous les jours d'excellens chevaux périr par les pieds, qui sont le fondement de tout l'édifice pour avoir été mal ferrés, et faute de savoir y apporter remède.

Pour bien ordonner la ferrure, il faut connaître les instrumens qu'on employe pour cet usage; les termes dont se servent les maréchaux, les noms des parties du fer, et leur différence par rapport aux différens pieds; ce que nous allons traiter dans les articles suivans.

ARTICLE PREMIER.

Des Instrumens dont on se sert pour ferrer un cheval ; des Termes usités parmi les maréchaux; des Noms des parties du fer et de leur différence.

Les principaux instrumens dont on se

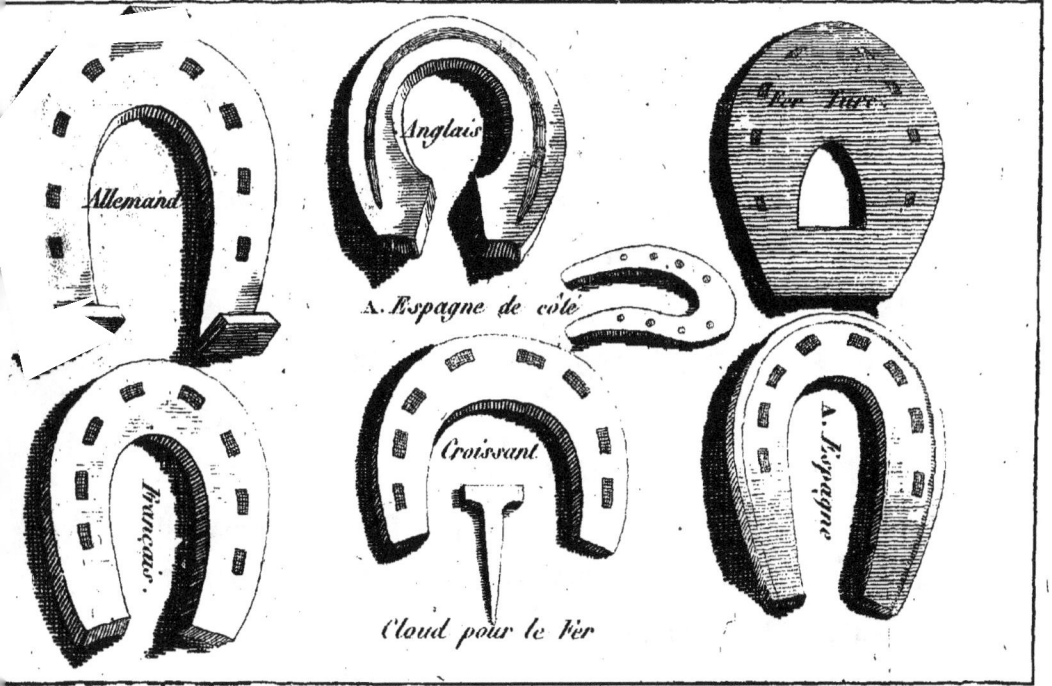

Pl. 5.

Allemand.

Anglais

A. Espagne de côté

Fer filée

Français.

Croissant

A. Espagne

Cloud pour le Fer

sert pour ferrer un cheval , sont le brochoir , le boutoir, la triquoise , le rogne-
pied , la râpe et le repoussoir.

Brochoir, est le marteau dont se servent les maréchaux pour attacher les
clous au pied du cheval.

Boutoir , est un instrument d'acier ,
garni d'un manche de bois, avec lequel
on pare le pied.

Triquoise , est une tenaille qui sert à
couper les clous avant de les river,
et à ôter le fer.

Rogne-pied , est un morceau d'acier,
long environ d'un demi-pied, tranchant
d'un côté, avec un dos de l'autre, lequel
sert à couper la corne qui passe au-delà
du fer quand il est broché, et à couper,
avant que de river les clous , le peu de
corne qu'ils ont fait éclater.

Râpe, est une espèce de lime, longue
environ d'un pied , garnie d'un manche
de bois , laquelle sert à unir le pied et
les rivets , quand le cheval est ferré.

Repoussoir, est une espèce de gros
clou , dont on se sert pour chasser et
faire sortir les clous du pied du cheval,
lorsqu'on veut le déferrer.

Les termes les plus usités qui regardent la manière de ferrer, sont : forger, brocher, parer, percer maigre, percer gras, étamper, enclouer, couder.

Forger, c'est ajuster un fer sur l'enclume.

Brocher, c'est attacher les clous au pied avec le brochoir.

Parer, c'est couper la corne et la sole avec le boutoir.

Percer maigre, c'est lorsque les trous du fer sont percés près du bord du fer en dehors.

Percer gras, c'est lorsque les trous du fer sont percés près du bord de dedans.

Etamper, c'est la même chose que percer ; ainsi on dit également étamper maigre, étamper gras, au lieu de percer maigre, percer gras.

Enclouer un cheval, c'est lorsque les clous rencontrent le vif, qui est la chair dont le petit pied est entouré, entre la sole et le sabot ; ou bien lorsqu'un clou serre la veine qui entoure le petit pied.

'*Couder*, c'est lorsqu'en brochant un clou, il se plie ou se coude.

Le fer d'un cheval est une pièce de fer, plate, tournée en rond du côté de la pince, composée de deux branches, d'une pince, de deux éponges, et quelquefois d'un ou de deux crampons.

Les branches, sont les deux côtés du fer.

La pince, est la partie arrondie du devant du fer.

L'éponge, est le bout de chaque branche près du talon.

Crampon, est le retour du fer en dessous, à l'endroit des éponges.

Il faut remarquer que les fers des pieds de devant sont différens de ceux de derrière ; en ce que les premiers sont percés à la pince, et non auprès du talon, et que ceux de derrière le sont au talon, et non à la pince ; parce que les pieds de devant ont plus de corne à la pince qu'au talon, et ceux de derrière en ont plus au talon qu'à la pince.

Il y a quatre sortes de fers en usage, savoir : le fer ordinaire, le fer à pantoufle, le fer à demi-pantoufle, et le fer à lunette.

Il y en a encore une cinquième, qu'on appelle *fer à tous pieds*, qui se plie au milieu de la pince, s'élargit et se serre selon la forme du pied. On s'en sert en voyage, quand un cheval a perdu son fer.

Le fer ordinaire, est également plat partout, et accompagne la rondeur d'un pied bien fait.

Le fer à pantoufle, est celui qui a le dedans de l'éponge plus épais de beaucoup que le dehors; ensorte que la partie qui s'applique contre la corne va en talus.

Demi-pantoufle, est l'éponge du fer un peu tournée en talus, et un peu plus épaisse du côté de dedans, mais pas tant que le fer à pantoufle, ensorte qu'il paraît voûté en dedans.

Le fer à lunette, est celui dont les éponges sont coupées jusqu'au premier trou.

Nous dirons l'usage de ces fers en parlant des différens pieds.

ARTICLE II.

Des Règles pour bien ferrer.

Il y a quatre règles principales qui servent de méthode pour ferrer les chevaux qui ont de bons pieds, savoir :

Pince devant , talon derrière.

N'ouvrir jamais les talons.

Employer les clous les plus déliés de lame.

Faire les fers les plus légers, selon le pied et la taille du cheval.

Selon la première de ces règles , qui est pince devant , talon derrière, il faut brocher les clous à la pince des pieds de devant , et non au talon , pour ne point enclouer un cheval ; parce que le talon des pieds de devant est plus faible que la pince , y ayant peu de corne : et au contraire il faut brocher au talon des pieds de derrière , et non à la pince, parce que la pince est plus faible.

La seconde règle , qui est de n'ouvrir jamais les talons, signifie qu'il ne faut ni trop couper, ni creuser le dedans du pied du côté des talons en parant ; cela séparerait les quartiers d'avec le talon, et par conséquent affamerait et ruinerait le pied, qui, au lieu de s'élargir, se serrerait et s'étrécirait davantage, parce que les talons étant creusés, les quartiers se rapprochent nécessairement, serrent et pressent le petit pied.

La troisième règle est d'employer les clous les plus déliés de lame ; parce que les clous trop épais, faisant un grand trou, soit en brochant, soit en rivant, font éclater la corne ; et avec cela les gros clous sont plus sujets à enclouer que les autres, surtout aux pieds où il y a peu de corne.

Aux fers des chevaux de carosse, on emploie des clous plus gros, à cause de la forme du pied, qui doit être naturellement plus grosse ; mais ils doivent toujours être déliés de lame, à proportion de la grandeur et de l'épaisseur du fer.

La quatrième règle, c'est d'employer les fers les plus légers, selon le pied et la taille du cheval, parce que les fers trop pesans foulent les nerfs, lassent et fatiguent le cheval, et sont sujets à se détacher et à se perdre par le moindre heurt ou la moindre pierre qu'un cheval rencontre.

Outre ces quatre règles générales, il y en a encore de particulières, et aussi essentielles à observer.

1°. Il faut que le fer accompagne la rondeur du pied jusqu'auprès du talon, afin que le cheval marche plus à son aise, et que les éponges ne débordent guères au talon; ce qui l'empêchera de forger en marchant et de se déferer.

2°. Le fer doit porter justement sur la corne, car s'il portait sur la sole, qui est une corne plus tendre, il ferait boîter le cheval. C'est aussi pour cette raison qu'il ne faut pas qu'il soit bordé par dedans, ni étampé trop gras, c'est-à-dire, les clous percés trop en dedans.

3°. Il ne faut pas que les clous soient brochés plus haut les uns que les autres, mais également en rond, de peur que quelque clou étant trop élevé, ne serre la veine qui entoure le petit pied.

4°. Quand les clous sont brochés, il faut bien les river, afin que le cheval ne se coupe pas; ce qui arrive aux chevaux vieux ferrés, auxquels les clous s'enfoncent dans le fer à mesure qu'il s'use; ce qui fait sortir les rivets.

5°. Enfin, quand le cheval est ferré, il faut râper le pied tout autour, afin de l'unir et de lui donner une forme ronde et égale, et d'émousser les pointes des rivets qui pourraient déborder. Il est à remarquer qu'il y a des chevaux qui ont les pieds si durs et si secs, qu'on ne peut brocher un clou sans qu'il coude. Il faut, avant de les ferrer, leur tenir les pieds de devant dans la fiente mouillée, environ une demi-journée, pour leur attendrir la corne. On doit bien se donner de garde de souffrir qu'on leur brûle les pieds avec un fer chaud, comme font la plupart des maréchaux, afin qu'ils soient plus aisés à parer. Cette méthode ne vaut rien : par là on dessèche le pied, on l'affame, et on en ôte la substance; mais comme pour les chevaux de carosse on est obligé de mettre un pinçon à la pince de fer, lequel pinçon est un retour du fer qui entre dans la pince du pied, pour entretenir le fer droit, et l'empê-

cher de se jeter ou en dedans ou en dehors, ce qui ferait que le cheval se cou-
perait ou se déferterait : dans cette occasion on ne peut pas se dispenser de faire
chauffer ce pinçon, afin qu'il puisse s'enfoncer dans la corne; mais tout le reste
du fer doit être froid.

Les règles ci-dessus sont pour les chevaux qui ont bon pied. Il faut présentement examiner la ferrure qui convient à
ceux qui ont les pieds défectueux, qui
sont : les talons bas, les pieds plats, les
pieds combles, les pieds encastelés; ceux
qui sont droits sur membres, bouletés;
ceux qui ont les jambes arquées; ceux
qui sont rampins; ceux qui bronchent,
qui se coupent en marchant; et enfin
ceux qui ont été fourbus, ou qui ont eu
un étonnement de sabot.

Des Talons bas.

Il y a deux sortes de talons bas : quelques chevaux ont le talon bas et la fourchette grasse ; d'autres ont le talon bas
et serré.

Les talons bas et la fourchette grasse

sont de très-mauvais pieds : on a coutume pour suppléer à ce défaut, d'épaissir le fer à l'endroit des éponges ; mais cela ne dure qu'autant qu'il est neuf : c'est pourquoi il faut nécessairement mettre à ces sortes de chevaux des crampons pour empêcher le talon et la fourchette de porter à terre ; et afin que la nourriture se jette du côté du talon, il ne faut presque point creuser dans les quartiers, mais parer la fourchette plate ; par ce moyen le talon se fortifiera : il faut aussi à chaque ferrure couper un peu de la pince et percer le fer maigre en pince, de peur d'enclouer.

A l'égard de ceux qui ont le talon bas et ferré, il faut leur donner un fer à pantoufle, avec l'éponge droite et épaisse en dedans, pour élargir et faire pousser le talon en dehors à mesure qu'il croîtra ; ne point creuser les talons, et rogner la pince à chaque ferrure. Comme ces sortes de fers ne manqueront pas de causer quelque douleur aux pieds, les premiers jours, il faut les tenir dans la fiente mouillée pour adoucir la corne et la faire pousser.

Des Pieds plats.

Les pieds plats sont ceux dont les quartiers s'élargissent trop en dehors, ce qui fait que la fourchette porte ordinairement à terre et fait boiter le cheval. C'est un défaut considérable, surtout aux jeunes chevaux, parce que les quartiers s'élargissent de plus en plus, à moins qu'on n'y porte remède de bonne heure.

La manière de ferrer qui convient le mieux à ces sortes de chevaux, c'est de leur mettre des fers dont les branches et la pince soient plus droites que la forme des quartiers et de la pince du pied, et de les percer maigre. Chaque fois qu'on les ferre, on ôte avec le rogne-pied ce qui déborde de la pince et des quartiers. Comme par cette ferrure il est impossible que le fer ne porte un peu sur la sole, il faut, après que le cheval a été ferré, lui mettre dans le pied un restreintif, comme il est dit dans la troisième partie, et ne pas le faire travailler de quelques jours, afin qu'il s'accoutume à cette ferrure.

Si le pied pousse trop vers la sole et

se resserre du côté des talons, il faut se
servir du fer à pantoufle, afin de les élargir, d'empêcher la sole de trop pousser,
et de faire passer la nourriture du côté
du talon ; et il ne faut point dans cette
occasion que les branches du fer soient
droites.

Des Pieds combles.

Le pied comble est celui qui a la sole
plus haute que la corne, les uns plus,
les autres moins. Ce défaut, qui est ordinaire aux chevaux élevés dans les pays
marécageux, vient de ce que la nourriture pousse trop à la pince et à la sole,
au lieu de passer au talon : c'est aussi
pour cela que presque tous les pieds
combles, quoiqu'ils s'élargissent du côté
des quartiers, se serrent au talon, qui
se trouve privé de nourriture.

Suivant la structure de ces pieds, il
est aisé de voir qu'il faut leur donner des
fers à pantoufle avec les éponges étroites
et épaisses en dedans, afin d'ouvrir les
talons et de contraindre la nourriture,
superflue à la pince et à la sole, de passer au talon. Il faut aussi pour la même

raison , raccourcir à chaque ferrure la
pince du fer, et percer maigre en pince.

Il y a quelques maréchaux qui se servent de fers voûtés pour ces sortes de
pieds. Cette méthode ne vaut rien , car
bien loin de soulager les pieds, on les
ruine par la suite , parce que le pied
prenant la forme du fer, la nourriture
pousse toujours à la sole; ce qui rend le
pied comble et difforme de plus en plus,
et empêche le cheval de marcher sûrement, n'appuyant que sur le milieu du
fer. Il y a pourtant des pieds auxquels
la sole surmonte plus dans un endroit
que dans l'autre, ce que les maréchaux
appellent *ognons*. Pour se servir de ces
chevaux , on est obligé nécessairement
de voûter le fer.

Il y en a qui font barer les veines dans
les paturons , pour arrêter en haut la
nourriture qui va à la sole; ce qui réussit
quelquefois : mais pour les chevaux qui
ont les pieds si combles, qu'on ne peut
les rétablir par cette méthode, il faut les
envoyer à la charrue, dans un pays dont
le terrein soit doux : ils pourront peut-

18*

être se rétablir, en observant la méthode de les ferrer comme il a été dit ci-dessus.

Des Pieds encastelés.

On appelle cheval encastelé, comme nous l'avons déjà dit, celui dont les talons sont si serrés et pressent si fort le petit-pied, qu'ils l'empêchent de marcher à son aise, et le font souvent boîter.

Il n'y a guère que les chevaux de légère taille et élevés dans les pays secs, qui soient sujets à l'encastelure. La cause de ce mal vient de la mauvaise forme du pied, qui, au lieu d'avoir la rondeur ordinaire jusqu'auprès des talons, se serre et s'étrécit dans cet endroit. Les pieds trop longs, secs et privés d'humeur, sont pour la plupart encastelés. Une ferrure mal ordonnée cause souvent aussi cet accident. Comme les chevaux encastelés marchent ordinairement de la pince, pour éviter la douleur du talon, cette démarche leur raccourcit le nerf et leur rend par la suite les jambes arquées. Pour prévenir et corriger ce mal, il faut, en parant les pieds, abattre les talons

plats, sans creuser les quartiers ; il faut
aussi parer la fourchette plate, et laisser
la sole forte au talon : car, comme on
l'a déjà dit, en creusant les quartiers
on affaiblit les talons et l'on ôte la force
du pied ; en sorte que les quartiers venant naturellement à se rapprocher pour
remplir le vide, ils pressent nécessairement le petit pied, et causent de la
douleur dans cette partie, ce qui fait
boîter le cheval.

Après avoir ainsi paré le pied, il faut
le ferrer à pantoufle (le propre de cette
ferrure étant d'élargir les talons), parce
que le dedans de l'éponge étant de beaucoup plus épais que le dehors, la corne
est obligée de pousser en dehors ; et en
renouvelant plusieurs fois cette sorte de
ferrure, le talon s'élargit, et cette partie
prend de la force. Il faut que le dedans
de l'éponge soit trois fois plus épais que
le dehors, et qu'elle soit étroite, afin
que la partie de dedans porte peu sur la
sole.

Comme les chevaux encastelés ont ordinairement le pied sec, il faut, avant de

les ferrer, leur tenir les pieds dans la fiente mouillée, environ l'espace d'une demi-journée; l'humidité leur attendrit la corne, la rend plus aisée à parer, et prépare le talon à s'élargir plus facilement. J'ai vu beaucoup de chevaux guérir de l'encastelure par ce moyen. Il faut aussi, de deux jours l'un, graisser les talons et le tour de la couronne avec l'onguent de pied décrit dans la troisième partie.

Lorsqu'on est obligé de faire un voyage avec un cheval encastelé, il ne faut pas lui abattre les talons, comme il est expliqué ci-dessus, car on doit lui conserver cette partie dans sa force, afin qu'il puisse fournir la route ; mais après le voyage il faut reprendre la méthode ci-dessus.

Quand un cheval est absolument si encastelé que la ferrure seule ne peut y remédier, parce qu'il aura été négligé ou mal ferré, le remède est de le dessoler, suivant la manière expliquée au Traité des Opérations.

Lorsqu'on s'aperçoit qu'un talon veut

sé serrer , il faut le ferrer à demi-pantoufle, dont l'éponge du fer est un peu
tournée en talus du côté de dehors, et
un peu plus épaisse du côté de dedans,
de façon pourtant que le dedans des éponges ne porte pas tout-à-fait sur la sole.
Il faut avec cela observer la même manière de le parer, comme pour les pieds
tout-à-fait encastelés; c'est-à-dire ne point
creuser dans les quartiers, parer la fourchette plate, raccourcir le pied à la pince
à chaque ferrure, et percer maigre en
pince.

Les chevaux qui ont des seymes (accident qui provient ordinairement de sé-
cheresse et de talons serrés) doivent aussi
être ferrés à demi-pantoufle, pour les raisons que nous avons dites ci-dessus; et
si les talons continuent de se serrer, il
faut leur donner un fer à pantoufle.

*Des Chevaux droits sur membres, bou-
letés , qui ont les jambes arquées ,
et qui sont rampins.*

La manière de ferrer les chevaux qui
sont droits sur membres , qui ont les

jambes arquées et qui sont rampins, c'est de leur abattre les talons fort bas, sans pourtant creuser les quartiers; cela leur fait baisser le boulet, et contraint le nerf de s'étendre. Il faut aussi que le fer déborde à la pince environ d'un demi doigt et qu'il soit plus épais en cet endroit, parce que ces chevaux usent plus le fer en pince qu'ailleurs.

Quand le cheval est tout-à-fait bouleté, c'est-à-dire, que l'os du boulet se pousse si fort en avant, qu'il paraît sortir de sa place, il faut lui abattre le talon jusqu'au vif; faire déborder le fer de deux doigts à la pince; lui graisser le nerf de la jambe avec l'onguent décrit dans la troisième partie; le promener tous les jours au petit pas sur un terrein doux jusqu'à ce que le boulet ait repris sa place. C'est la seule manière de ferrer ces sortes de pieds; mais elle réussit rarement, s'ils ont été négligés.

Il y a beaucoup de personnes qui font énerver un cheval aux ars, lorsqu'il est bouleté ou qu'il a les jambes arquées: cette méthode est fort bonne ; on en trouvera l'explication dans le traité des opérations.

Des Chevaux qui bronchent, et de ceux qui se coupent.

Lorsqu'un cheval est sujet à broncher, on a coutume de lui abattre la pince du pied et de raccourcir le fer en pince, afin qu'il ne rencontre pas si facilement les pierres; mais ce défaut, qui est ordinaire aux chevaux qui sont faibles du devant, ou qui ont les jambes usées, se raccommode rarement par la ferrure.

A l'égard des chevaux qui se coupent en marchant, cela arrive aux uns, parce qu'ils n'ont pas l'habitude de marcher; en sorte que, portant mal leurs jambes, ils s'attrapent avec le fer; d'autres, par faiblesse de reins, traînent les jambes au lieu de les lever et de les porter droit : souvent aussi la mauvaise ferrure cause ce désordre, soit parce que le fer déborde ou que les rivets sont trop longs; d'autres, enfin, par lassitude après un long travail : le repos est le seul remède pour ces derniers.

C'est l'usage aux chevaux qui se coupent du devant, de leur abattre le quartier de dehors de chaque pied ; on serre

19

aussi l'éponge de dedans et on la coupe
courte et au niveau du talon : il faut
avec cela river les clous de façon que les
rivets entrent dans la corne et qu'ils ne
débordent pas. Aux jambes de derrière
on observe la même chose , et l'on met
un petit crampon en dedans, sans qu'il
déborde ; le cheval en marche plus ouvert et plus à son aise. Voilà la seule
façon de ferrer ces sortes de chevaux ;
mais si c'est par mauvaise habitude, par
faiblesse, ou par lassitude, qu'un cheval
se coupe , la ferrure seule ne leur ôte
point ce défaut.

Il y a certains chevaux qui, sans se
couper, portent si mal leurs pieds en
marchant , qu'ils usent tous leurs fers
en dehors : il faut leur mettre un crampon en dehors.

A l'égard des chevaux fourbus, ou qui
ont eu un grand étonnement de sabot :
il ne faut pas leur parer ni abattre la
pince, afin de conserver dans sa force la
sole, qui dans ces accidens pousse et s'a-
baisse du côté de la pince et vers le milieu du sabot ; mais avec toutes les précautions qu'on peut apporter , lorsque

la fourbure est tombée sur la sole, on ne rétablit que très-difficilement ces sortes de pieds par la ferrure.

Il nous reste à dire un mot de l'usage des crampons qu'on met en Allemagne à presque tous les chevaux, même à ceux de manége. Les personnes qui sont pour les crampons, disent qu'ils tiennent un cheval plus ferme et plus assuré sur son derrière, qu'ils l'empêchent de glisser et de tomber sur le cul, ce qui pourrait lui causer un effort de reins. Ceux au contraire qui ne les admettent point, disent qu'ils ruinent et foulent les nerfs, causent des seymes, rendent les chevaux droits sur jambes, bouletés et rampins, leur font devenir les jambes arquées, parce qu'ils font raccourcir le nerf. Quoique ces dernières raisons soient non-seulement plausibles, mais vraies, je crois cependant qu'il y a des occasions, où les crampons sont nécessaires : lorsque, par exemple, on est obligé de marcher sur un terrain glissant, sur le pavé, sur la glace; parce qu'alors la conservation du cavalier est préférable à celle des jambes du cheval.

19*

CHAPITRE XIII.

ANALYSE RAPIDE DE L'ART DU MANÈGE PRIS DANS SES VRAIS PRINCIPES.

Des Instrumens dont on se sert pour dresser les chevaux.

Après la bride et la selle, les instrumens qui sont le plus en usage pour
dresser les chevaux, sont: la chambrière,
la gaule, les éperons, la longe, la martingale, le poinçon, les lunettes, le
trousse-queue, les piliers, le caveçon de
cuir, le caveçon de fer, le bridon et le
filet.

La Chambrière est une bande de cuir
de cinq à six pieds de long, attachée
au bout d'une canne de jet raisonnable-
ment grosse, et longue d'environ quatre
pieds. Cet instrument sert à animer et
à réveiller un cheval qui s'endort ou se
retient, et à châtier celui qui refuse d'aller en avant. La chambrière est encore
d'une grande utilité pour dresser un

cheval dans le pilier; mais il faut savoir s'en servir à propos. On a banni le fouet des écoles bien réglées, parce qu'il peut causer des cicatrices aux fesses « au ventre ; on est pourtant quelquefois obligé d'y avoir recours pour rendre sensible un cheval qui a le cuir dur, et pour lu faire craindre le châtiment.

La Gaule est une baguette de bouleau que le cavalier tient dans la main droite. Elle ne doit être longue que d'environ trois pieds et demi, car si elle l'était davantage, ce serait le milieu qui appliquerait sur les épaules, et ce doit être la pointe de la gaule. Elle donne beaucoup de grâce à un cavalier quand il sait bien s'en servir, et représente aussi de quelle manière il doit tenir son épée à cheval.

L'Eperon est une pièce de fer, composée de trois branches, dont deux entourent le talon; et au bout du collet, qui est la troisième branche qui sort en dehors, il y a une étoile qu'on appelle *molette*, laquelle doit avoir cinq ou six pointes pour piquer ou pincer le cheval,

Les pointes des molettes ne doivent pas être rondes et émoussées, de peur qu'elles ne causent des cicatrices au ventre; il ne faut pas non plus qu'elles soient trop pointues, parce que cela désespérerait un cheval qui aurait le cuir sensible. Le collet de l'éperon doit être un peu long; autrement le cheval ne sentirait pas si bien l'effet de la molette, et le cavalier serait obligé de faire un trop grand mouvement de la jambe pour arriver au ventre.

La Longe est une longue corde, de la grosseur du petit doigt, au bout de laquelle il y a une boucle attachée à un cuir que l'on passe dans l'anneau du milieu du caveçon de fer. Cet instrument est excellent pour accoutumer les jeunes chevaux à trotter sur des cercles, avec le secours de la chambrière : il sert encore pour ceux qui sont rétifs, qui retiennent leurs forces par malice, ou qui sont ramingues, comme nous l'enseignerons en son lieu.

La Martingale est une courroie de cuir; attachée par un bout aux sangles

sous le ventre du cheval, et de l'autre
à la muserolle, en passant entre les deux
jambes du devant, et remontant le long
du poitrail. Quelques cavaliers prétendent avec cet instrument empêcher un
cheval de battre à la main et de donner
des coups de tête; mais c'est une grande
erreur; car on le confirme dans son vice,
au lieu de le corriger, et l'on devrait
bannir cette invention des bonnes écoles.

Le Poinçon est un manche de bois,
long de sept à huit pouces, au bout
duquel il y a une pointe de fer. On tient
un bout du poinçon dans le creux de la
main droite, et on appuye la pointe sur
la croupe du cheval, pour lui faire détacher la ruade. Je n'approuve point cet
instrument; car outre la situation contrainte où est le bras du cavalier,
lorsqu'il appuie le poinçon, il peut y
avoir encore deux autres inconvéniens,
qui sont, ou que la pointe du poinçon
étant trop émoussée, il ne fait point d'effet; ou lorsqu'elle est trop pointue, elle
déchire et ensanglante la croupe et y fait
de longues estafilades. Je préfère l'inven-

tion de M. de la Broue, qui est une espèce de col d'éperon creusé avec une
molette : on attache cet éperon à un
bout de gaule long d'environ deux pieds,
desorte qu'on s'en sert comme de la gaule
sous main ; et alors le cavalier aide son
cheval avec plus de grâce et de facilité,
et ne court pas risque d'ensanglanter la
croupe.

Les Lunettes sont deux espèces de
petits chapeaux de cuir, dont on se sert
pour mettre sur les yeux d'un cheval qui
ne veut point se laisser monter, qui veut
mordre le cavalier qui l'approche, ou
le frapper des pieds du devant.

Le Trousse-queue est un instrument
de cuir, long d'un grand pied, dont on
se sert pour envelopper la queue d'un
sauteur. Cet instrument se ferme par le
moyen de plusieurs petits crochets, dans
lesquels on entrelace une courroie. Il est
attaché près du culeron de la croupière
par deux petits contre-sanglots. Il y a
au bas du trousse-queue deux longes de
cuir qui passent le long des cuisses et des
flancs du cheval, et qui aboutissent aux

contre-sanglots pour tenir la queue en état. Le trousse-queue fait paraître un cheval plus large de croupe , lui donne plus de grâce, lorsqu'il saute , et empêche aussi la queue de donner dans les yeux du cavalier.

Les Piliers sont deux pièces de bois rondes, ayant chacune une tête, plantées dans le manège à cinq pieds l'une de l'autre. Ils doivent avoir six pieds hors de terre. On fait à chaque pilier des trous de distance en distance pour les chevaux de différentes hauteurs; ou bien on y met des anneaux de fer, pour passer et attacher les cordes du caveçon. L'usage des piliers est d'accoutumer un cheval à craindre le châtiment de la chambrière; de l'animer, de lui apprendre à piafer et à lever le devant. On se sert aussi communément des piliers dans les académies pour y mettre les chevaux destinés à sauter.

Le caveçon de cuir est une espèce de têtière faite de gros cuir plat, qui se met à la tête d'un cheval , avec deux longes de corde aux deux côtés pour l'at-

tacher dans les piliers. Il faut qu'un caveçon soit rembourré au haut de la tétière
de peur de blesser un cheval au-dessus
de la tête près des oreilles : on le rem-
bourre aussi à l'endroit de la muserolle,
qui porte au-dessus du nez, de peur de
lui écorcher cette partie lorsqu'il donne
dans les cordes.

Le caveçon de fer est une bande de
fer, tournée en arc, garnie de trois anneaux, montée de tétière et de sougorge.
Il y en a de tors, de mordans et de plats.
Les caveçons plats sont les meilleurs; car
les mordans, qui sont creusés dans le
milieu et dentelés par les côtés, écorchent
le nez du cheval, à moins qu'on ne les
fasse armer d'un cuir. Le caveçon doit
être placé un doigt plus haut que l'œil de
la branche de la bride, afin qu'il n'empêche pas l'action du mors ni l'effet de
la gourmette.

M. de la Broue, et après lui, M. le
duc de Newcatsle, attribuent au caveçon
de si grands avantages, que je me suis
cru obligé de rapporter ici ce qu'ils en
ont dit l'un et l'autre.

(239)

M. de la Broue dit : « que le caveçon
» a été inventé pour retenir, relever,
» rendre léger, apprendre à tourner et
» à parer, assurer la tête et la croupe,
» sans offenser la bouche ni la barbe, et
» aussi pour soulager les épaules, les
» jambes et les pieds de devant, et pour
» remédier aux fautes que font les che-
» vaux dressés qui se dérangent à l'école,
» parce que la partie intérieure de la
» bouche où se fait le principal appui
» de la bride, est plus sensible que ne
» l'est l'endroit du nez où se place le ca-
» veçon; et en ôtant le caveçon, le cheval
» est plus attentif aux effets de la bride,
» et par conséquent plus léger. »

Voici le sentiment de M. le duc de
Newcastle : « Le caveçon est pour retenir,
» relever, rendre léger, apprendre à
» tourner, arrêter, assouplir le col, as-
» surer la bouche, placer la tête, la
» croupe, conserver la bouche saine et
» entière, les barres et la place de la
» gourmette, plier les épaules, les ren-
» dre souples de même que ses bras, ses
» jambes; plier le col et le rendre sou-

» ple. Un cheval ira mieux ensuite ayant
» quitté le caveçon, et aura de l'atten-
» tion à tous les mouvemens de la main.
» Il ne faut pas tout faire avec le caveçon,
» mais il faut que la main de la bride
» agisse avant le caveçon, qui n'est
» qu'une aide pour la bride.

» La longe de dedans du caveçon, at-
» tachée au pommeau de la selle, donne
» un beau pli au cheval, l'assure et l'as-
» sujettit au véritable appui de la main,
» et le rend ferme sur les hanches, sur-
» tout au cheval qui pèse ou qui tire à
» la main , parce qu'il l'empêche d'ap-
» puyer sur le mors.

» Le caveçon appuyant partout éga-
» lement sur la moitié du nez, on a plus
» de prise pour donner un plus grand pli
» et pour faire tourner le cheval , ce
» qui agit aussi puissamment sur les
» épaules.

» Un cheval dressé sans caveçon, ne
» sera jamais dans cet agréable appui
» que doivent avoir les braves chevaux,
» qui est d'être égal, ferme et léger.

» Les branches de la bride sont plus

« lentes à faire leur effet, et sont si bas-
» ses qu'il ne reste pas assez d'espace
» pour tirer comme avec le caveçon. La
» bride peut à grand'peine tirer le bout
» du nez.

» Le caveçon et la bride sont fort dif-
» férens dans leurs effets, par la diffé-
» rence qu'il y a de la bouche au nez.
» Si vous tirez le caveçon en haut, les
» ongles tournés en avant, cela hausse
» la tête du cheval ; et si vous tirez la
» bride, les ongles en haut, cela fait
» baisser seulement le nez du cheval en
» bas, et encore plus, si vous tenez la
» main basse de la bride.

» En travaillant avec la bride seule,
» on se peut facilement tromper, à moins
» que d'être bien savant dans les diffé-
» rens effets des divers mouvemens de la
» main de la bride ; ainsi il faut vou-
» loir s'aveugler soi-même, si on ne
» veut pas prendre un chemin si court
» et si assuré, comme est celui du cave-
» çon lié au pommeau et secondé de la
» bride. »

Après le jugement que portent ces

deux grands maîtres sur les avantages et
les effets du caveçon, il y aurait de la témérité à ne pas suivre une décision si res-
pectable. La seule remarque que je trouve
à propos de faire, c'est que je crois le caveçon très-excellent entre les mains d'un
homme de cheval qui sait bien s'en servir;
mais je crois en même temps qu'il est
dangereux de le donner aux écoliers,
parce que l'expérience nous fait voir que
ceux qui ont été élevés dans les écoles
où on se sert de cet instrument, ont
pour la plupart la main rude et déplacée,
ce qui est occasioné par la force majeure
qu'on emploie pour le faire agir.

Le Bridon est une embouchure montée d'une têtière sans muserolle : cette
embouchure a peu de fer, et est brisée
dans le milieu ; quelques-uns le sont en
plusieurs endroits. Le bridon n'est autre
chose qu'une imitation des premières
brides dont on s'est servi pour monter
les chevaux, et qui n'était autre chose
qu'une simple embouchure sans bran-
chet et sans gourmette.

Il y a deux sortes de bridons : les uns

dont l'embouchure est très-mince, se
mettent avec la bride, et servent à soulager la bouche d'un cheval ; et en cas
d'accident, lorsque les rênes viennent à
se rompre, par exemple, ou à être coupées dans un combat, on a recours alors
au bridon.

L'autre espèce de bridon est celui
dont on se sert pour acheminer les jeunes
chevaux. L'embouchure en est plus grosse;
et aux deux extrémités il y a deux petites barres de fer rondes pour empêcher
qu'il ne sorte de la bouche d'un côté ou
de l'autre, en tirant une des deux rênes.

Voici de quelle façon M. le duc de
Newcastle s'explique sur les effets du
bridon :

  « Le bridon n'appuie que sur les
» lèvres, et peu sur les barres, et la
» barbe se conserve en son entier. Il est
» bon pour les chevaux qui pèsent à la
» main, portent bas, et s'arment, pour
» les relever. On peut gourmander un
» cheval en tirant les deux rênes du
» bridon l'une après l'autre, fortement
» et plusieurs fois de suite, comme si on

» voulait lui scier la bouche. Il est en-
» core bon, pour acheminer un jeune
» cheval, de lui apprendre à tourner
» au pas, au trot, l'arrêter : la sujé-
» tion de la bride lui peut donner
» occasion de se défendre, et le bri-
» don le dispose à mieux obéir à la
» bride. Il faut avoir les ongles en des-
» sous, avancer les mains et avoir les
» bras en avant. Il n'est pas bon pour
» ceux qui n'ont point d'appui, qui bat-
» tent à la main; car, comme il ôte
» l'appui à ceux qui en ont trop, il
» gâte ceux qui n'en ont point. »

Le *Filet* est une espèce de mors monté
d'une têtière sans muserolle, avec une
gourmette et des branches sans chaî-
nettes. Ce mors sert aux chevaux de car-
rosse ou autres, lorsqu'on les étrille ou
qu'on les mène à la rivière.

Les Anglais, plus attentifs qu'aucune
autre nation pour ce qui regarde l'é-
quipage d'un cheval, ont inventé un
filet d'une structure assez singulière ; il
sert en même temps de bridon et de bride
par le moyen de deux paires de rênes,

l'une desquelles est attachée au bas des branches, comme aux brides ordinaires. Les autres rênes sont attachées à deux arcs, qui sont aux deux extrémités de l'embouchure ; et en se servant de ces deux dernières rênes, la gourmette alors n'agissant plus, l'embouchure agit comme celle du bridon , et produit le même effet.

CHAPITRE XIV.

Des Termes de l'Art.

Rien ne contribue davantage à la connaissance d'un art ou d'une science, que l'intelligence des termes qui lui sont propres. L'art de monter à cheval en a de particuliers ; c'est pourquoi j'ai cherché à en donner des définitions claires et précises.

Manége. Ce mot a deux significations, savoir : le lieu où l'on exerce les chevaux, et l'exercice qu'on leur fait faire.

A l'égard des manéges où l'on exerce les chevaux, il y en a de couverts et de

20

découverts. Un beau manége couvert doit être large de 35 à 36 pieds, et long de trois fois sa largeur.

Un manége découvert peut être plus large et plus long, suivant le terrain qu'on a à y employer; on l'entoure de barrières.

Le manége regardé comme l'exercice que l'on fait faire au cheval, est la manière de le dresser sur toutes sortes d'airs.

Air, est la belle attitude que doit avoir un cheval dans ses différentes allures; c'est aussi la cadence propre à chaque mouvement qu'il fait dans chaque allure, soit naturelle, soit artificielle, comme nous l'expliquerons dans la suite.

Changer de main, est l'action que fait un cheval avec les jambes, lorsqu'il change de pied, soit pour galoper sur le pied droit ou sur le pied gauche. Ce terme vient des anciens écuyers, qui nommaient lse parties du corps du cheval, par préférence aux autres animaux, comme celles de l'homme; et de même qu'on dit encore aujourd'hui, la bouche d'un cheval, le menton et le bras, ils

appelaient aussi le pied d'un cheval la
main; ainsi changer de main, c'est changer de pied. Selon l'usage, on entend
aussi par changement de main, la ligne
ou la piste que décrit un cheval en traversant le manége avant de faire ce changement de pied.

Piste, est le chemin que décrivent les
quatre pieds d'un cheval en marchant.
Un cheval va d'une piste ou de deux
pistes. Il va d'une piste, lorsqu'il marche
droit sur une même ligne, et que les
pieds de derrière suivent et marchent sur
la ligne de ceux de devant. Il va de deux
pistes, lorsqu'il va de côté ; et alors les
pieds de derrière décrivent une autre
ligne que ceux de devant : c'est ce qu'on
appelle, *fuir les talons.*

Aides, sont les moyens dont le cavalier se sert pour faire aller son cheval
et se secourir : ces moyens consistent dans
les différens mouvemens de la main et
des jambes.

Aides fines. On dit d'un homme de
cheval qu'il a les aides fines, lorsque ses
mouvemens sont peu apparens, et qu'en

20*

gardant un juste équilibre il aide son cheval avec science, avec aisance et avec grâce, ce qu'on appelle aussi *aides se-crètes*. On dit encore qu'un cheval a les aides fines, lorsqu'il obéit promptement et avec facilité au moindre mouvement de la main et des jambes du cavalier.

Rendre la main, c'est le mouvement que l'on fait en baissant la main de la bride, soit pour adoucir, soit pour faire quitter le sentiment du mors sur les bar-res. Il faut remarquer qu'on entend tou-jours par la main de la bride, la main gauche d'un cavalier ; car quoiqu'on se serve quelquefois de la main droite pour tirer la rêne droite, ce n'est alors qu'une aide à la main gauche, qui reste tou-jours la main de la bride.

S'attacher à la main, c'est lorsqu'un cavalier a la main rude, et qu'il la tient plus ferme qu'il ne doit : c'est le plus grand défaut qu'on puisse avoir à che-val; car cette dureté de main gâte la bouche d'un cheval, l'accoutume à se cabrer, et le met en danger de se renver-ser; accident bien funeste, et dont les

suites sont quelquefois la mort du cavalier, comme il est arrivé plus d'une fois.

Tirer à la main. Ce défaut regarde
le cheval; c'est lorsque la bouche se roi-
dit contre la main du cavalier, en tirant
et en levant le nez, par ignorance ou
par désobéissance.

Peser à la main, c'est lorsque la tête
du cheval s'appuie sur le mors, et s'ap-
pesantit sur la main de la bride, ensorte
qu'on est obligé de porter, pour ainsi
dire, la tête du cheval.

Battre à la main, c'est le défaut des
chevaux qui n'ont pas la tête assurée ni
la bouche faite, et qui, pour éviter la sujétion du mors, secouent la bride et
donnent des coups de tête.

Faire des forces, c'est un mouvement
très-désagréable que font certains chevaux en ouvrant la bouche et en portant
continuellement la mâchoire inférieure
de gauche à droite, et de droite à gauche ; c'est le défaut des bouches faibles.

Appui, est le sentiment que produit
l'action de la bride dans la main du cavalier, et réciproquement l'action que la

main du cavalier opère sur les barres du
cheval. Il y a des chevaux qui n'ont point
d'appui, d'autres qui en ont trop, et
d'autres qui ont l'appui à pleine main.
Ceux qui n'ont point d'appui, sont ceux
qui craignent le mors et ne peuvent souffrir qu'il appuie sur les barres; ce qui les
fait battre à la main et donner des coups
de tête. Les chevaux qui ont trop d'appui,
sont ceux qui s'appesantissent sur la
main : l'appui à pleine main, qui fait la
meilleure bouche, c'est lorsque le cheval,
sans peser ni battre à la main, a l'appui
ferme, léger et tempéré : ces trois qualités sont celles de la bonne bouche d'un
cheval, lesquelles répondent à celles de
la main du cavalier, qui doit être légère,
douce et ferme.

Parade, est la manière d'arrêter un
cheval à la fin de sa reprise: ainsi *parer*,
signifie arrêter.

Reprise, est une leçon réitérée qu'on
donne à un cheval, et dans l'intervalle
d'une reprise à l'autre on lui laisse reprendre haleine.

Marquer un demi-arrêt, c'est lors-

qu'on retient la main de la bride près de
soi, pour retenir et soutenir le devant
d'un cheval qui s'appuie sur le mors,
ou lorsqu'on veut le ramener ou le rassembler.

Ramener, c'est faire baisser la tête et
le nez à un cheval qui tire à la main et
porte le nez haut.

Rassembler un cheval, ou le tenir ensemble, c'est le raccourcir dans son allure, ou dans son air, pour le mettre
sur les hanches; ce qui se fait en retenant
doucement le devant avec la main de la
bride, et chassant les hanches sous lui
avec le gras des jambes, pour le préparer
à le mettre dans la main et dans les talons.

*Etre dans la main et dans les ta-
lons*, c'est la qualité que l'on donne à
un cheval parfaitement dressé, qui suit
la main, suit les jambes et les éperons
avec liberté et obéissance, soit en avant
ou en arrière, dans une place, de côté
sur un talon et sur l'autre, et qui souffre les jambes et même les éperons sans
se traverser ni déplacer la tête. Si l'on
trouvait aujourd'hui un pareil cheval,

on pourrait, sans témérité, lui donner le nom de *Phénix*.

Renfermer, c'est tenir beaucoup ensemble un cheval, qui est assez avancé pour commencer à le mettre dans la main et dans les talons.

Bien mis, c'est-à-dire bien dressé; bien mis dans la main et dans les talons.

Se traverser, c'est lorsque la croupe d'un cheval se dérange de la piste qu'elle doit décrire, soit en fuyant les talons, ou en allant par le droit.

S'entabler, c'est lorsque le cheval, allant de côté, s'accule, au lieu d'aller en avant, et que les hanches marchent avant les épaules. Ce terme n'est plus guère en usage, on se sert d'acculer.

Harper, c'est l'allure des chevaux qui ont des éparvins secs, dont le mouvement se fait de la hanche avec précipitation, au lieu de plier le jarret.

Piaffer, c'est l'action que fait le cheval, lorsqu'il passage dans une même place, en pliant les bras et en levant les jambes avec grâce, sans se traverser, ni avancer ni reculer, et en demeurant dans le respect pour la main et pour les jambes du cavalier.

Trépigner, c'est le défaut de ceux qui piaffent mal, qui, au lieu de soutenir la jambe haut, précipitent leur mouvement et battent la poudre. Les chevaux qui ont trop d'ardeur, sont sujets à ce défaut.

Doubler. Il y a doubler large, et doubler étroit. Le doubler large, est lorsqu'on tourne un cheval par le milieu du manège sans changer de main, en partageant le terrain également ; et le doubler étroit, est lorsqu'on le tourne dans un quarré étroit aux quatre coins du manège.

Falquer, *falcade*, est l'action que fait le cheval, en coulant les hanches basses et trides à l'arrêt du galop.

Tride, ce mot est de M. de la Broue: il s'en est servi pour exprimer les mouvemens prompts, courts et unis, que font les chevaux avec les hanches, en les rabattant promptement sous eux. On dit d'un cheval, qu'il a la carrière tride, c'est-à-dire, qu'il galope court et vîte des hanches.

21

Fermer, serrer, une demi-volte, cela s'entend de la fin d'un changement de main, ou d'une demi-volte, où un cheval doit arriver également de côté, les quatre jambes ensemble, sur la ligne de la muraille, pour reprendre à l'autre main.

Travailler de la main à la main, c'est lorsqu'on tourne un cheval d'une piste, avec la main seule et peu d'aide des jambes : ce qui est bon pour le manège de guerre.

Secourir; c'est aider un cheval avec les jarrets ou avec les gras des jambes, lorsqu'il veut demeurer ou se rallentir dans son allure.

Chevaler, c'est lorsque le cheval, en allant de côté, en fuyant les talons, les jambes de dehors passent par dessus celles de dedans.

Dedans et dehors, c'est une façon de parler dont on se sert quelquefois, au lieu de droit et de gauche, pour exprimer les aides que l'on doit donner avec les rênes de la bride, avec les jambes et les talons du cavalier, et aussi les mouvemens des

jambes du cheval selon la main où il va.
Pour mieux entendre ceci il faut savoir
qu'alors les écuyers travaillaient presque
toujours leurs chevaux sur des cercles,
et le centre autour duquel ils tournoient
déterminait la main où ils allaient; ensorte qu'en tournant un cheval à droite
sur un cercle, la rêne de la bride, la
jambe et le talon du cavalier, et les jambes du cheval qui étaient du côté du
centre, s'appelaient la rêne de dedans;
la jambe de dedans, le talon de dedans;
ce qui est le même de dire, rêne droite,
jambe droite, etc. Pour lors la rêne
de dehors, la jambe de dehors, sont
la rêne gauche, la jambe gauche : et de
même en tournant un cheval à gauche
sur un cercle, la rêne et la jambe qui
sont du côté du centre s'appellent la rêne
et la jambe de dedans, et sont la rêne gauche et la jambe gauche; et par conséquent
la rêne de dehors et la jambe de dehors sont
la rêne droite et la jambe droite. Aujour-
d'hui que les manéges sont carrés et bor-
nés de murailles ou de barrières, il est aisé
de comprendre qu'on entend par la rêne

de dehors et la jambe de dehors, celles
qui sont du côté du mur. Si le mur est
à la gauche du cavalier, cela s'appelle
aller à main droite; alors la rêne et la
jambe de dehors sont du côté du mur,
ce sont la rêne gauche et la jambe gauche, et celles de dedans sont du côté du
manége. Si la muraille est à la droite du
cavalier, cela se dit travailler à main
gauche; la rêne droite et la jambe droite
sont la rêne et la jambe droite de dehors,
et par conséquent la rêne gauche et la
jambe gauche sont celles de dedans.
J'ai été obligé de donner une explication
un peu ample de ces termes, parce que
plusieurs personnes les confondent; mais
pour parler plus intelligiblement, on dit
droit et gauche, qui est plus simple,
tant pour exprimer les jambes du cavalier que celles du cheval, et aussi les
rênes de la bride.

A l'égard des termes qui regardent les
airs du manége, on en trouvera l'explication et la définition dans le chapitre
suivant, où il est traité des mouvemens
artificiels.

CHAPITRE XV.

Des différens Mouvemens des jambes des chevaux, selon la différence de leurs allures.

La plupart de ceux qui montent à cheval n'ont qu'une idée confuse des mouvemens de jambes de cet animal dans ses différentes allures; cependant, sans une connaissance aussi essentielle à un cavalier, il est impossible qu'il puisse faire agir des ressorts dont il ne connaît pas la mécanique.

Les chevaux ont deux sortes d'allures; savoir, les allures naturelles, et les allures artificielles.

Dans les allures naturelles, il faut distinguer les allures parfaites, qui sont, le pas, le trot et le galop; et les allures défectueuses, qui sont, l'amble, l'entre-pas ou traquenard, et l'aubin.

Les allures naturelles et parfaites sont celles qui viennent purement de la nature, sans avoir été perfectionnées par l'art.

Les allures naturelles et défectueuses sont celles qui proviennent d'une nature faible ou ruinée.

Les allures artificielles sont celles qu'un habile écuyer sait donner aux chevaux qu'il dresse, pour les former dans les différens airs dont ils sont capables, et qui doivent se pratiquer dans les manéges bien réglés.

ARTICLE PREMIER.

Des Allures naturelles.

LE PAS.

Le pas est l'action la moins élevée, la plus lente et la plus douce de toutes les allures d'un cheval. Dans le mouvement que fait un cheval, lorsqu'il va le pas, il lève les deux jambes qui sont élevées et traversées, l'une devant, l'autre derrière : quand, par exemple, la jambe droite de devant est en l'air et se porte en avant, la gauche de derrière se lève immédiatement après, et suit le même

mouvement que celle de devant, et ainsi
des deux autres jambes ; ensorte que
dans le pas il y a quatre mouvemens :
le premier est celui de la jambe droite
de devant, qui est suivie de la jambe
gauche de derrièr , qui fait le second
mouvement ; le troisième est celui de la
jambe gauche de devant, qui est suivie
de la jambe droite de derrière, et ainsi
alternativement.

LE TROT.

L'action que fait le cheval qui va au
trot, est de lever en même temps les
deux jambes qui sont opposées et traversées; savoir : la jambe droite de devant avec la jambe gauche de derrière,
et ensuite la jambe gauche de devant
avec la droite de derrière. La différence
qu'il y a entre le pas et le trot, c'est que,
dans le trot, le mouvement est plus violent, plus diligent et plus relevé, ce
qui rend cette dernière allure beaucoup
plus rude que celle du pas, qui est lente
et près de terre : il y a encore cette différence, c'est que, quoique les jambes du

cheval qui va le pas, soient opposées ou
traversées, comme elles le sont au trot,
la position des pieds se fait en quatre
temps au pas, et qu'au trot il n'y en a
que deux, parce qu'il lève en même
temps les deux jambes opposées, et les
pose aussi à terre en même temps, comme
nous venons de l'expliquer.

LE GALOP.

Le galop est l'action que fait le cheval
en courant. C'est une espèce de saut en
avant, car les jambes de devant ne sont
pas encore à terre, lorsque celles de derrière se lèvent ; de façon qu'il y a un
instant imperceptible où les quatre jambes sont en l'air. Dans le galop, il y a
deux principaux mouvemens, l'un par
la main droite, qu'on appelle galoper
sur le pied droit, l'autre par la main
gauche, qui est galoper sur le pied gauche. Il faut que dans chacune de ces dif-
férences la jambe de dedans de devant
avance et entame le chemin, et que celle
de derrière du même côté, suive et
avance aussi, ce qui se fait dans l'ordre

suivant; si le cheval galope à droite, quand les deux jambes de devant sont levées, la droite est mise à terre plus avant que la gauche, et la droite de derrière chasse et suit le mouvement de celle de devant; elle est aussi posée à terre plus avant que la gauche de derrière. Dans le galop à main gauche, c'est le pied gauche de devant qui mène et entame le chemin; celui de derrière du même côté suit, et est aussi plus avancé que le pied droit de derrière. Cette position de pieds se fait dans l'ordre suivant:

Lorsque le cheval galope à droite, après avoir rassemblé les forces de ses hanches pour chasser les parties de devant, le pied gauche de derrière se pose à terre le premier; le pied droit de derrière fait ensuite la seconde position, et est placé plus avant que le pied gauche de derrière, et dans le même instant le pied gauche de devant se pose aussi à terre; ensorte que dans la position de ces deux pieds, qui sont croisés et opposés comme au trot, il n'y a ordinairement qu'un temps qui soit sensible à la

vue et à l'oreille ; et enfin le pied droit
de devant, qui est avancé plus que le
pied gauche de devant, et sur la ligne
du pied droit de derrière, marque le
troisième et dernier temps. Ces mouvemens se répètent à chaque tems de galop, et se continuent alternativement.

A main gauche, la position des pieds
se fait différemment ; c'est le pied droit
de derrière qui marque le premier temps ;
le pied gauche de derrière et le pied
droit de devant se lèvent ensuite et se
posent ensemble à terre, croisés comme
au trot, et font le second temps ; et enfin
le pied gauche de devant, qui est plus
avancé que le pied droit de devant, et
sur la ligne du pied gauche de derrière,
marque la troisième et dernière cadence.

Mais lorsqu'un cheval a les ressorts
lians et le mouvement des hanches tride,
il marque alors quatre temps, qui se
font dans l'ordre suivant. Lorsqu'il galope à droite, par exemple, le pied gauche de derrière se pose à terre le premier,
le pied droit de derrière fait la seconde
position ; le pied gauche de devant, im-

médiatement après celui-ci, marque le troisième temps ; et enfin le pied droit de devant, qui est le plus avancé de tous, fait la quatrième et dernière position ; ce qui fait alors 1, 2, 3 et 4, et forme la vraie cadence du beau galop, qui doit être diligent des hanches, et raccourci du devant, comme nous l'expliquerons dans la suite.

Quand il arrive qu'un cheval n'observe pas en galopant le même ordre aux deux mains dans la position de ses pieds, comme il le doit, et comme nous venons de l'expliquer, il est faux ou désuni.

Un cheval galope faux ou sur le mauvais pied, lorsqu'allant à une main, au lieu d'entamer le chemin avec la jambe de dedans, comme il le doit, c'est la jambe de dehors qui est la plus avancée; c'est-à-dire, si le cheval, en galopant à main droite, entame le chemin avec la jambe gauche de devant, suivie de la gauche de derrière ; alors, il est faux, il galope faux sur le mauvais pied : et si en galopant à main gauche, il avance et entame le chemin avec la jambe droite de devant, et celle de derrière, au lieu de la gauche, il est de même faux et sur le mauvais pied. La raison de cette fausseté dans cette allure vient de ce que les deux jambes, celle de devant et celle de derrière, qui sont du centre du terrain autour duquel on galope, doivent nécessairement être avancées, afin de soutenir le poids du cheval et du cavalier; car autrement le cheval serait en danger de tomber en tournant; ce qui arrive quelquefois, et ne laisse pas d'être dangereux. On court aussi le même risque quand un cheval galope désuni.

Un cheval se désunit de deux manières, tantôt du devant, et tantôt du derrière, mais plus ordinairement du derrière que du devant. Il se désunit du devant, lorsqu'en galopant dans l'ordre qu'il doit avec les jambes de derrière à la main où il va, c'est la jambe de dehors du devant qui entame le chemin, au lieu de celle de dedans. Par exemple, lorsqu'un cheval galope à main droite, et que la jambe gauche de devant est la plus avancée au lieu de la droite, il est

désuni de devant ; et de même, si en galopant à main gauche il avance la jambe
droite de devant au lieu de la gauche ,
il est encore désuni du devant. Il en est
de même pour le derrière : si c'est la
jambe de dehors de derrière qui entame
le chemin , au lieu de celle de dedans,
il est désuni de derrière. Pour comprendre encore mieux ceci, il faut faire attention que, lorsqu'un cheval en galopant à droite, a les jambes de devant
placées comme il devrait les avoir pour
galoper à gauche, il est désuni du devant;
et lorsque les jambes de derrière sont
dans la même position où il devrait les
avoir à gauche, lorsqu'il galope à droite ,
il est désuni du derrière. Il en est de
même pour la main gauche.

Il faut remarquer que, pour les chevaux de chasse et de campagne , on entend toujours, surtout en France, par
galoper sur le bon pied, galoper sur le
pied droit. Il y a pourtant quelques
hommes de cheval qui font changer de
pied à leurs chevaux, afin de reposer la
jambe gauche, qui est celle qui souffre

le plus, parce qu'elle porte tout le poids, au lieu que la droite entamant le chemin, a plus de liberté et ne se fatigue pas tant.

ARTICLE II.

Des Alures défectueuses.

L'AMBLE.

L'amble est une allure plus basse que celle du pas, mais infiniment plus allongée, dans laquelle le cheval n'a que deux mouvemens, un pour chaque côté, de façon que les deux jambes du même côté, celle de devant et celle de derrière, se lèvent en un même temps, et se portent en avant ensemble ; et dans le temps qu'elles se posent à terre, aussi ensemble, elles sont suivies de celles de l'autre côté, qui font le même mouvement, lequel se continue alternativement.

Pour qu'un cheval aille bien l'amble, il doit marcher les hanches basses et pliées, et poser les pieds de derrière un grand pied au-delà de l'endroit où il a posé ceux de devant ; et c'est ce qui fait qu'un cheval d'amble fait tant de chemin.

Ceux qui vont les hanches hautes et roides n'avancent pas tant et fatiguent beaucoup plus un cavalier. Les chevaux d'amble ne sont bons que dans un terrain
doux et uni, car dans la boue et dans un
terrain raboteux un cheval ne peut pas
soutenir longtemps cette allure. L'on
voit à cause de cela plus de chevaux de
cette espèce en Angleterre qu'en France,
parce que le terrain y est plus doux et
plus uni ; mais généralement parlant,
un cheval d'amble ne peut pas durer
long-temps, et c'est un signe de faiblesse
dans la plupart de ceux qui amblent:
les jeunes poulains même prennent cette
allure dans la prairie, jusqu'à ce qu'ils
aient assez de force pour trotter et galoper. Il y a beaucoup de braves chevaux
qui, après avoir rendu de longs services,
commencent à ambler, parce que leurs
ressorts venant à s'user, ils ne peuvent
plus soutenir les autres allures qui leur
étaient auparavant ordinaires et naturelles.

L'ENTRE-PAS OU TRAQUENARD.

L'entre-pas, qu'on appelle aussi *tra-*

quenard, est un train rompu, qui a quelque chose de l'amble. Les chevaux qui n'ont point de reins et qu'on presse sur les épaules, ou qui commencent à avoir les jambes usées et ruinées, prennent ordinairement cette allure. Les chevaux de charge, par exemple, qui sont obligés de faire diligence, après avoir trotté pendant quelques années le fardeau sur le corps, lorsqu'ils n'ont plus assez de force pour soutenir l'action du trot, prennent enfin une espèce de tricotement de jambe vîte et suivi, qui a l'air d'un amble rompu, et qui est, à proprement parler, ce qu'on appelle entre-pas ou traquenard.

L'AUBIN.

On appelle *aubin*, une allure dans laquelle le cheval, en galopant avec les jambes de devant, trotte ou va l'amble avec le train de derrière. Cette allure, qui est très-vilaine, est le train des chevaux qui ont les hanches faibles et le derrière ruiné, et qui sont extrêmement fatigués à la fin d'une longue course. La plupart des chevaux de poste aubinent

au lieu de galoper franchement; les poulains qui n'ont point encore assez de force
dans les hanches pour chasser et accom-
pagner le devant, et qu'on veut trop tôt
presser au galop, prennent aussi cette
allure, de même que les chevaux de
chasse, lorsqu'ils ont les jambes de derrière usées.

ARTICLE III.

Des Allures artificielles.

Les mouvemens artificiels sont tirés
des naturels, et prennent différens noms
suivant la cadence et la posture que l'on
donne aux chevaux dressés au manége
qui leur est propre.

Il y a, selon l'usage ordinaire, deux
sortes de manéges : le manége de guerre,
et celui de carrière ou d'école.

On entend par manége de guerre,
l'exercice d'un cheval sage, aisé et obéissant aux deux mains, qui part de vîtesse,
s'arrête et tourne facilement sur les hanches; qui est accoutumé au feu, aux
tambours, aux étendards, et qui n'a peur
de rien.

Par manége de carrière ou d'école, on doit entendre celui qui renferme tous les airs inventés par ceux qui ont excellé dans cet art, et qui sont ou doivent être en usage dans les académies bien réglées.

Parmi ces différens airs, il y en a de bas et de relevés.

Les airs qu'on appelle bas, sont ceux des chevaux qui manient près de terre.

Les airs relevés sont ceux des chevaux dont les mouvemens sont détachés de terre.

AIRS BAS OU PRÈS DE TERRE.

Les airs des chevaux qui manient près de terre, sont le passage, le piaffer, la galopade, le changement de main, la volte, la demi-volte, la passade, la pirouette, et le terre-à-terre.

Il faut remarquer que la plupart des termes de manége dérivent de l'italien, parce que les Italiens sont les premiers inventeurs des règles et des principes de cet art.

PASSAGE.

Passage, qu'on appelait autrefois

passége, du mot italien, *spasseggio*, qui signifie *promenade*, est un pas ou un trot mesuré et cadencé. Il faut dans ce mouvement qu'un cheval tienne plus long-temps ses jambes en l'air, l'une devant et l'autre derrière, croisées et opposées comme au trot; mais il doit être beaucoup plus raccourci, plus soutenu, et plus écouté que le trot ordinaire; en sorte qu'il n'y ait pas plus d'un pied de distance entre chaque pas qu'il fait; c'est-à-dire, que la jambe qui est en l'air se pose environ un pied au-delà de celle qui est à terre.

PIAFFER.

Lorsqu'un cheval passage dans une place sans avancer, reculer, ni se traverser, et qu'il lève et plie les bras haut et de bonne grâce dans cette action, on appelle cette démarche *piaffer*. Cette allure, qui est très-noble, était fort recherchée dans les carrousels et dans les fêtes à cheval; elle est encore fort estimée en Espagne; les chevaux de ce pays et les napolitains y ont beaucoup de disposition.

GALOPADE.

La galopade, ou le galop de manége, est un galop uni, bien ensemble, raccourci du devant, et diligent des hanches, c'est-à-dire, qui ne traîne pas le derrière et qui produise, par l'égalité des ressorts du cheval, cette belle cadence qui charme autant les spectateurs qu'elle plaît au cavalier.

CHANGEMENT DE MAIN.

Nous avons dit, dans le chapitre précédent, qu'on ne devait pas seulement entendre, par changement de main, l'action que fait le cheval lorsqu'il change de pied ; mais que l'usage voulait aussi qu'on entendît, par cette expression, le chemin que décrit le cheval, lorsqu'il va d'une muraille à l'autre, en traversant le manége, soit de droite à gauche, soit de gauche à droite. Dans cette dernière espèce, il y a deux choses à observer, qui sont les contre-changemens de main, et les changemens de main renversés.

Contre-changer de main , c'est lorsqu'après avoir mené un cheval jusqu'au milieu du manége, comme si on voulait le changer tout-à-fait, et après l'y avoir placé la tête à l'autre main, on le ramène sur la ligne de la muraille que l'on vient de quitter, pour continuer à la même main où il était avant que d'avoir changé de main.

Dans le changement de main renversé, la première ligne que décrit le cheval, est, jusqu'au milieu du manége, la même que celle du changement de main ordinaire; mais en revenant à la muraille qu'on vient de quitter, comme si l'on voulait contre-changer de main, au lieu de le faire, on retourne et on renverse l'épaule du cheval pour reprendre à l'autre main; ensorte que si, en changeant de main de droite à gauche, dans le contre changement de main on se trouve à la même main, qui est la droite; mais dans le changement de main renversé on se trouve à gauche en arrivant à la muraille, et cela par le renversement d'épaule qu'on a fait.

Les changemens de main, les contre-

changemens, et les changemens renversés, se font d'une piste ou de deux pistes, suivant que le cheval est plus ou
moins obéissant à la main et aux talons.

VOLTE.

Le mot de *volte*, est une expression
italienne, qui signifie *cercle*, *rond*, ou
piste circulaire. Il faut remarquer qu'on
entend en Italie, par volte, le cercle que
décrit un cheval qui va simplement d'une
piste; et ce que nous entendons par volte,
ils l'appellent *radoppio*; mais en France,
le mot de volte signifie, aller de deux
pistes de côté, le cheval formant deux
cercles parallèles, ou un quarré, dont
les coins sont arrondis.

La demi-volte est la moitié d'une
volte, ou une espèce de demi-cercle de
deux pistes. On fait les demi-voltes, ou
dans la volte même, ou aux deux extrémités d'une ligne droite.

Il y a encore des voltes renversées, et
des demi-voltes renversées.

Par volte renversée, on entend le chemin que décrit un cheval qui va de deux
pistes, avec la tête et les épaules du

côté du centre ; et alors les pieds de
devant décrivent la ligne la plus près du
centre, et ceux de derrière la plus éloignée ; ce qui est l'opposé de la volte ordinaire, où la croupe est du côté du
centre de la volte.

La demi-volte renversée se fait comme
le changement de main renversé, excepté
que le cheval doit aller de deux pistes
pour la demi-volte.

PASSADE.

Faire des passades, c'est mener un
cheval sur une même longueur de terrain, en changeant aux deux bouts, de
droite à gauche, et de gauche à droite,
passant et repassant toujours sur la même
ligne.

Il y a des passades au petit galop, et
des passades furieuses.

Les passades qui se font au petit galop,
sont celles où l'on tient le cheval rassemblé dans un galop raccourci et écouté,
tant sur la ligne droite de la passade,
que sur les demi-voltes des deux extrémités de la ligne.

Dans les passades furieuses, on mène

le cheval au petit galop jusqu'au milieu de la ligne droite , et de là on le fait partir à toutes jambes, jusqu'à l'endroit où on le rassemble pour commencer la demi-volte.

PIROUETTE.

La pirouette est une espèce de volte , qui se fait dans une même place et dans la longueur du cheval : la croupe reste dans le centre, et la jambe de derrière de dedans sert comme de pivot autour duquel tournent, tant les deux jambes de devant, que celle de dehors de der- rière.

TERRE-A-TERRE.

M. le duc de Newcastle a fort bien défini le terre-à-terre, un galop en deux temps, qui se fait de deux pistes. Dans cette action le cheval lève les deux jambes de devant à la fois, et les pose à terre de même; celles de derrière suivent et ac- compagnent celles de devant; ce qui for- me une cadence tride et basse , qui est comme une suite de petits sauts fort bas, près de terre , allant toujours en avant et de côté.

Quoique le terre-à-terre soit mis avec raison au nombre des airs bas, parce qu'il est près de terre, c'est pourtant cet air qui sert de fondement à tous les airs relevés, parce que généralement tous les sauts se font en deux temps, comme au terre-à-terre.

AIRS RELEVÉS.

On appelle airs relevés, tous les sauts qui sont plus détachés de terre que le terre-à-terre. On en compte sept, qui sont : la pésade, le mézair, la courbette, la croupade, la balotade, la capriole, et le pas et le saut.

PÉSADE.

La pésade est un air, dans lequel le cheval lève le devant haut dans une place sans avancer, tenant les pieds de derrière ferme à terre sans les remuer, en sorte qu'il ne fait point de temps avec les hanches, comme à tous les autres airs. On se sert de cette leçon pour préparer un cheval à sauter avec plus de liberté, et pour lui gagner le devant.

MÉZAIR.

Mézair, est un terme qui signifie moi-

tié air ; c'est un saut, qui, quoiqu'au
nombre des airs relevés, ne l'est pourtant qu'un peu plus que le terre-à-terre,
mais moins écouté et plus avancé que la
courbette : on l'appelle *moitié-air*, *mézair*, parce qu'il est entre l'un et l'autre;
et c'est pour cela que quelques écuyers
l'appellent *demi-courbette*, ce qui ex-
prime assez bien le mouvement que fait
un cheval dans cette action.

COURBETTE.

La courbette est un saut, dans lequel
le cheval est plus relevé du devant, plus
écouté et plus soutenu que dans le mézair, et où les hanches rabattent et ac-
compagnent avec une cadence basse et
tride les jambes de devant dans l'instant qu'elles retombent à terre.

CROUPADE.

La croupade est un saut plus élevé que
la courbette, tant du devant que du derrière, dans lequel le cheval étant en
l'air, trousse et retire les pieds et les
jambes de derrière sous le ventre, et les
tient dans une hauteur égale à celle des
pieds de devant.

BALOTADE.

La balotade est un saut, dans lequel le cheval, ayant les quatre pieds en l'air et dans une égale hauteur, au lieu de retirer et de retrousser ses jambes et ses pieds de derrière sous le ventre, comme dans la croupade, il présente ses fers de derière, comme s'il voulait ruer, sans pourtant détacher la ruade, comme dans la capriole.

CAPRIOLE.

La capriole est le plus élevé et le plus parfait de tous les sauts. Lorsque le cheval est en l'air et dans une égale hauteur du devant et du derrière, il détache la ruade avec autant de force que s'il voulait, pour ainsi dire, se séparer de lui-même, en sorte que ses jambes de derrière partent comme un trait. On appelait autrefois cette action, *s'éparer, nouer l'aiguillette.*

Il faut bien remarquer que ces trois derniers airs, de croupade, de baloade et de capriole, diffèrent entr'eux, en ce que le cheval, dans la croupade, ne montre point ses fers de derrière, lorsqu'il est au haut de son saut ; qu'au contraire il les retire sous le ventre ; que, dans la balotade, il montre ses fers et s'offre à ruer, sans pourtant détacher la ruade; et que dans la capriole, il détache la ruade aussi vivement qu'il le peut. ●

LE PAS ET LE SAUT.

Cet air se forme en trois temps, dont le premier est un tems de galop raccourci, ou terre-à-terre ; le second, une courbette ; et le troisième est une capriole, et ainsi alternativement. Les chevaux qui ne se sentent pas assez de force pour redoubler à caprioles, prennent d'eux-mêmes cet air ; et les plus vigoureux sauteurs, lorsqu'ils commencent à s'user, prennent aussi cet air, pour se soulager et pour prendre mieux le temps du saut.

CHAPITRE XVI.

De la belle posture de l'homme de cheval; et de ce qu'il faut observer avant de monter.

La grâce est un si grand ornement pour un cavalier, et en même tems un si grand acheminement à la science, que tous ceux qui veulent devenir hommes de cheval, doivent, avant toutes choses, employer le tems nécessaire pour acquérir cette qualité. J'entends, par grâce, un air d'aisance et de liberté, qu'il faut conserver dans une posture droite et libre, soit pour se tenir et s'affermir à cheval, quand il le faut, soit pour se relâcher à propos, en gardant, autant qu'on le peut, dans tous les mouvemens que fait un cheval, ce juste équilibre qui dépend du contre-poids du corps bien observé; et que les mouvemens du cavalier soient si subtils, qu'ils servent plus à embellir son assiette qu'à paraître aider son cheval. Cette belle partie ayant été négligée, et la nonchalance jointe à un certain air de mollesse ayant succédé à l'attention qu'on avait autrefois pour acquérir et pour conserver cette belle assiette qui charme les yeux des spectateurs et relève infiniment le mérite d'un beau cheval, il n'est point étonnant que la cavalerie ait tant perdu de son ancien lustre.

Avant de monter un cheval, il faut visiter d'un coup d'œil tout son équipage: cette attention, qui est l'affaire d'un moment, est absolument nécessaire pour éviter les inconvéniens qui peuvent arriver à ceux qui négligent ce petit soin. Il faut d'abord voir si la sougorge n'est point trop serrée, ce qui empêcherait la respiration du cheval; si la muserolle n'est point trop lâche; car il faut, au contraire, qu'elle soit un peu serrée, tant pour la propreté que pour empêcher certains chevaux d'ouvrir la bouche, et pour prévenir, dans d'autres, le défaut qu'ils ont de mordre à la botte. Il faut ensuite voir si le mors n'est point trop haut, ce qui ferait froncer les lèvres; ou trop bas, ce qui le ferait porter sur les crochets : si la selle n'est point trop

avant ; car, outre le danger d'estropier
un cheval sur le garot, on lui empêcherait le mouvement des épaules ; si les
sangles ne sont point trop lâches, ce qui
ferait tourner la selle ; ou si elles ne sont
point trop tendues, d'où il arrive souvent
de fâcheux accidens. Il y a, par exemple,
certains chevaux, qui s'enflent tellement
le ventre par malice, en retenant leur
haleine, lorsqu'on veut les sangler, qu'à
grande peine les sangles peuvent approcher des contre-sanglots ; il y en a
d'autres, qui, si on les monte dès qu'ils
sont sanglés, ont la dangereuse habitude d'essayer, en sautant, de casser
leurs sangles, et quelquefois même de se
renverser. Pour corriger ces défauts, on
les tient sanglés dans l'écurie quelque
temps avant de les monter, et on les fait
trotter en main quelques pas. Il faut
aussi voir si le poitrail est au-dessus de
la jointure des épaules; car s'il était trop
bas, il en empêcherait le mouvement; et
enfin si la croupière est d'une juste mesure ; ni trop lâche, ce qui ferait tomber
la selle en avant ; ni trop courte, ce qui
écorcherait le cheval sous la queue, et

lui ferait faire des sauts et des ruades très-incommodes.

Après avoir fait ce petit examen, il faut s'approcher près de l'épaule gauche du cheval, non-seulement pour être à portée de monter facilement dessus, mais pour éviter de recevoir un coup de pied, soit avec la jambe de devant, si l'on était vis-à-vis de l'encolure, soit avec celle de derrière, si l'on était vis-à-vis du ventre. Il faut ensuite prendre le bout des rênes avec la main droite, pour voir si elles ne sont point à l'envers, ni détournées: et en ce cas, il faudrait les remettre sur leur plat, en tournant le touret du bas de la branche. Il faut tenir la gaule la pointe en bas dans la main gauche, et de la même main, prendre les rênes un peu longues de peur d'accident, avec une poignée de crin près du garot, et bien serrer ces trois choses. Il faut ensuite, avec la main droite, prendre le bas de l'étrivière près de l'étrier, tourner l'étrivière du côté du plat du cuir; ensuite on met le pied gauche à l'étrier, on porte la main droite sur l'arçon de derrière, on

s'élève au-dessus de la selle , en passant
la jambe droite étendue jusqu'à la pointe
du pied; et enfin, on entre dans la selle,
en se tenant le corps droit. Toute cette
suite d'actions, qui est plus longue à décrire qu'à exécuter, doit se faire avec
beaucoup de grâce, de promptitude et
de légèreté, afin de ne pas tomber dans
le cas de certains cavaliers, qui affectent
un air de suffisance dans la pratique de
choses qui, quand on les sait faire une
fois, sont très-faciles et très-simples,
mais nécessaires.

Lorsqu'on est en selle, il faut passer la
gaule dans la main droite, la pointe en
bas; avec la même main, prendre le bout
des rênes, pour les tenir égales; ensuite les
ajuster dans la main gauche, en les sé-
parant avec le petit doigt de la même
main, renfermer le bout des doigts dans
le creux de la main, et étendre le pouce
dessus les rênes , afin de les assurer et
de les empêcher de couler de la main.

La main de la bride gouverne l'avant-
main. Elle doit être placée au-dessus du
cou du cheval; ni en dedans, ni en de-

hors, à la hauteur du coude, deux doigts au-dessus, et plus avant que le pommeau de la selle, afin qu'il n'empêche pas l'effet des rênes : elle doit être par conséquent détachée du corps, et éloignée de l'estomac, avec les ongles un peu tournés en dessus, vis-à-vis du ventre, et le poignet un peu arrondi.

La main droite doit être placée à la hauteur et près de la main gauche, quand on mène un cheval les rênes égales; mais lorsqu'on se sert de la rêne droite, pour le plier avec la main droite, il faut qu'elle soit plus basse que la main gauche, et plus près de la bâte de la selle.

Immédiatement après avoir placé la main de la bride, il faut s'asseoir juste dans le milieu de la selle, la ceinture et les fesses avancées, afin de n'être point assis près de l'arçon de derrière; il faut tenir ses reins pliés et fermes, pour résister au mouvement du cheval.

M. le duc de Newcastle dit qu'un cavalier doit avoir deux parties mobiles et une immobile. Les premières sont le corps jusqu'au défaut de la ceinture, et les jambes, depuis les genoux jusqu'aux pieds; l'autre, est depuis la ceinture jusqu'aux genoux. Suivant ce principe, les parties mobiles d'en-haut sont : la tête, les épaules et les bras. La tête doit être placée droite et libre au-dessus des épaules, en regardant entre les oreilles du cheval; les épaules doivent être aussi fort libres, et un peu renversées en arrière; car si la tête et les épaules étaient en avant, le derrière sortirait du fond de la selle, ce qui, outre la mauvaise grâce, ferait aller un cheval sur les épaules, et lui donnerait occasion de ruer par le moindre mouvement. Les bras doivent être pliés au coude, et joints au corps sans contrainte, en tombant naturellement sur les hanches.

A l'égard des jambes, qui sont les parties mobiles d'en-bas, elles servent à conduire et à tenir en respect le corps et l'arrière-main du cheval : leur vraie position est d'être libres du genou en bas, près du cheval, sans le toucher, les cuisses et les jarrets tournés en dedans, afin que le plat de la cuisse soit, pour ainsi dire, collé le long du quartier de la selle. Il faut pourtant que les jambes soient assurées, quoique libres, car si elles étaient incertaines, elles toucheraient incessamment le ventre; ce qui tiendrait le cheval dans un continuel désordre : si elles étaient trop éloignées, on ne serait plus à tems d'aider ou de châtier un cheval à propos, c'est-à-dire dans le temps qu'il commet la faute : si elles étaient trop avancées, on ne pourrait pas s'en servir pour le ventre, dont les aides sont les jambes : au contraire, si elles étaient trop en arrière, les aides viendraient dans les flancs, qui sont une partie trop chatouilleuse et trop sensible, pour y appliquer les éperons; et si enfin les jambes étaient trop raccourcies, lorsqu'on pèserait sur les étriers, on serait hors de la selle.

Le talon doit être un peu plus bas que la pointe du pied, mais pas trop, parce que cela tiendrait la jambe roide; il doit être tourné tant soit peu plus en dedans qu'en dehors, afin de pouvoir conduire l'éperon facilement et sans contrainte, à la partie du ventre, qui est à quatre doigts derrière les sangles. La pointe du pied doit déborder l'étrier d'un pouce, ou deux seulement, suivant la largeur de la grille; si elle était trop en dehors, le talon se trouverait trop près du ventre et l'éperon chatouillerait continuellement le poil; si, au contraire, elle était trop en dedans, alors le talon étant trop en dehors, la jambe serait estropiée. A proprement parler, ce ne sont point les jambes qu'il faut tourner à cheval, mais le haut de la cuisse, c'est-à-dire la hanche, et alors les jambes ne sont point tournées, et le sont autant qu'elles le doivent être, aussi bien que le pied.

Il ne suffit pas de savoir précisément comme il faut se placer à cheval, suivant les règles que nous venons de donner; le plus difficile est de conserver cette posture, lorsque le cheval est en mouvement; c'est pour cela qu'un habile maître a coutume de faire beaucoup trotter les commençans, afin de leur faire prendre le fond de la selle. Rien

n'est au-dessus du trot, pour donner de
la fermeté à un cavalier. On se trouve à
son aise après cet exercice dans les autres
allures, qui sont moins rudes. La méthode de trotter cinq ou six mois sans
étriers est encore excellente ; par-là ,
nécessairement les jambes tombent près
du cheval, et un cavalier prend de l'assiette et de l'équilibre. Une erreur dans
laquelle on tombe trop ordinairement,
c'est de donner des sauteurs aux commençans, avant qu'ils aient attrapé au
trot cet équilibre, qui est au-dessus de la
force des jarrets, pour se bien tenir à
cheval. Ceux qui ont l'ambition de monter trop tôt des sauteurs, prennent la
mauvaise habitude de se tenir avec les
talons ; et au sortir de l'académie ils
ne laissent pas, avec leur prétendue fermeté, de se trouver très-embarrassés sur
de jeunes chevaux. C'est en allant par
degrés, qu'on acquiert cette fermeté, qui
doit venir de l'équilibre, et non de ces
jarrets de fer, qu'il faut laisser aux casse-
cous des maquignons. Il faut pourtant,
dans de certaines occasions se servir de
ses jarrets, et même vigoureusement,

surtout dans des contre-temps qui sont si rudes et si subits, qu'on ne peut s'empêcher de perdre son assiette ; mais il faut se remettre en selle, et se relâcher d'abord après la bourasque, autrement le cheval recommencerait à se défendre de plus belle.

Dans une école bien réglée, on devrait, après le trot, mettre un cavalier au piaffer dans les piliers ; il apprendrait dans cette occasion, qui est très-aisée, à se tenir de bonne grâce. Après le piaffer, il faudrait un cheval qui allât à demi-courbette ; ensuite un à courbette ; un autre à balotade ou à croupade ; et enfin un à capriole. Insensiblement, et sans s'en apercevoir, un cavalier prendrait, avec le temps, la manière de se tenir ferme et droit, sans être roide ni gêné ; deviendrait libre et aisé sans mollesse ni nonchalance, et surtout il ne serait jamais penché, ce qui est le plus grand de tous les défauts ; parce que les chevaux sensibles vont bien ou mal, suivant que le contre-poids du corps est régulièrement observé ou non.

~~~~~~~~~~~~~~~~~~~~~~~~~~~~~~~~~~~~~

CHAPITRE XVII.

Des Aides et des Châtimens nécessaires
pour dresser les chevaux.

Des cinq sens de la nature, dont tous
les animaux sont doués, aussi-bien que
l'homme, il y en a trois sur lesquels il
faut travailler un cheval pour le dresser;
ce sont : la vue, l'ouïe et le toucher.

On dresse un cheval sur le sens de la
vue, lorsqu'on lui apprend à approcher
des objets qui peuvent lui faire ombrage;
car il n'y a point d'animal si susceptible
d'impression des objets qu'il n'a point
encore vus, que le cheval.

On le dresse sur le sens de l'ouïe, lorsqu'on l'accoutume au bruit des armes,
des tambours et des autres rumeurs guer-
rières; lorsqu'on le rend attentif et obéissant à l'appel de la langue, au sifflement
de la gaule, et quelquefois au son doux
de la voix, qu'un cavalier emploie pour
les caresses, ou à un ton plus rude, dont
on se sert pour les menaces.

Mais le sens du toucher est le plus
nécessaire, parce que c'est par celui-là
qu'on apprend à un cheval à obéir au
moindre mouvement de la main et des
jambes, en lui donnant de la sensibilité
à la bouche et aux côtés, si ces parties
en manquent; ou en leur conservant cette
bonne qualité, si elles l'ont déjà. On emploie pour cela les aides et les châtimens : les aides, pour prévenir les fautes
que le cheval peut faire ; les châtimens,
pour le punir dans le temps qu'il fait une
faute : et comme les chevaux n'obéissent
que par la crainte du châtiment, les aides ne sont autre chose qu'un avertisse-
ment qu'on donne au cheval, qu'il sera
châtié, s'il ne répond à leur mouvement.

DES AIDES.

Les aides consistent dans les différens
mouvemens de la main de la bride; dans
l'appel de la langue ; dans le sifflement
et le toucher de la gaule; dans le mouvement des cuisses, des jarrets et des gras
de jambes; dans le pincer délicat de l'é-
peron, et enfin dans la manière de peser
sur les étriers.   24

Nous avons expliqué dans le chapitre précédent les différens mouvemens de la main de la bride et leurs effets; ainsi nous passons aux autres aides.

L'appel de la langue est un son qui se forme en recourbant le bout de la langue vers le palais, et en la retirant ensuite tout-à-coup en ouvrant un peu la bouche. Cet aide sert à réveiller un cheval, à le tenir gai en maniant, et à le rendre attentif aux aides ou aux châtimens qui suivent cette action, s'il n'y répond pas. Mais on doit se servir rarement de cette aide; car il n'y a rien de si choquant que d'entendre un cavalier appeler continuellement de la langue; cela ne fait plus alors d'impression sur l'ouïe, qui est le sens sur lequel elle doit agir. Il ne faut pas non plus appeler trop fort : ce son ne doit, pour ainsi dire, n'être entendu que du cheval. Il est bon de remarquer en passant, qu'il ne faut jamais appeler de la langue, lorsqu'on est à pied, et que quelqu'un passe à cheval devant nous : c'est une impolitesse qui cho que le cavalier; cela n'est permis

que dans une seule occasion, qui est lorsqu'on fait monter un cheval pour le
vendre.

Quoique la gaule soit plus pour la
grâce que pour la nécessité, on ne laisse
pas de s'en servir quelquefois utilement.
On la tient haute dans la main droite,
pour acquérir une manière libre de se
servir de son épée.

La gaule est en même temps aide et
châtiment. Elle est aide, lorsqu'on la
fait siffler dans la main, le bras haut et
libre pour animer un cheval ; lorsqu'on
le touche légèrement avec la pointe de
la gaule sur l'épaule de dehors pour le
relever ; lorsqu'on tient la gaule sous
main, c'est-à-dire, croisée par dessous le
bas droit, la pointe au-dessus de la
croupe, pour être à portée d'animer et de
donner du jeu à cette partie ; et enfin
lorsqu'un homme à pied touche de la
gaule devant, c'est-à-dire sur le poitrail,
pour faire lever le devant, ou sur les genoux, pour lui faire plier les bras.

La gaule n'est pas propre pour les
chevaux de guerre, qui doivent obéir de

24*

la main à la main, et en avant pour les jambes, à cause de l'épée qui doit être à la place de la gaule de la main droite, qu'on appelle aussi pour cela la main de l'épée. Dans un manège on doit tenir la gaule toujours opposée au côté où l'on fait aller le cheval ; parce qu'on ne doit s'en servir que pour animer les parties de dehors.

Il y a dans les jambes du cavalier cinq aides, c'est-à-dire cinq mouvemens : celui des cuisses, celui des jarrets, celui des gras de jambes, celui du pincer délicat de l'éperon, et celui que l'on fait en pesant sur les étriers.

L'aide des cuisses et des jarrets se fait en serrant les deux cuisses, ou les deux jarrets, pour chasser un cheval en avant, ou en serrant seulement la cuisse ou le jarret de dehors, pour le presser sur le talon de dedans ; ou en serrant celui de dedans pour le soutenir, s'il se presse trop en dedans. Il faut remarquer que les chevaux qui sont chatouilleux, et qui retiennent leurs forces par malice, se déterminent plus volontiers pour des jarrets vigoureux, que pour les éperons, et ordinairement ils se retiennent quelque tems à l'éperon, avant que de partir.

L'aide des gras de jambes, qui se fait en les approchant délicatement du ventre, est pour avertir le cheval qui n'a point répondu à l'aide des jarrets, que l'éperon n'est pas loin, s'il n'est point sensible à leur mouvement. Cette aide est encore une des plus gracieuses et des plus utiles dont un cavalier puisse se servir, pour rassembler un cheval dressé, et par conséquent sensible, lorsqu'il ralentit l'air de son manège.

L'aide du pincer délicat de l'éperon se fait en l'approchant subtilement près du poil du ventre, sans appuyer ni pénétrer jusqu'au cuir: c'est un avis encore plus fort que celui des cuisses, des jarrets et des gras de jambes. Si le cheval ne répond pas à toutes ces aides, on lui appuie vigoureusement les éperons dans le ventre, pour le châtier de son indocilité.

DES CHATIMENS.

Les aides n'étant, comme nous venons de le dire, qu'un avis qu'on donne au cheval, qu'il sera puni, s'il ne répon pas à leur mouvement, les châtimens ne sont par conséquent que la punition qui doit suivre de près la désobéissance du cheval à l'avis qu'on lui donne ; mais il faut que la violence des coups soit proportionnée au naturel du cheval ; car souvent les châtimens médiocres, bien jugés et faits à temps, suffisent pour rendre un cheval aisé et obéissant ; d'ailleurs, on a l'avantage de lui conserver, par ce moyen, la disposition et le courage, de rendre l'exercice plus brillant, et de faire durer long-temps un cheval en bonne école.

On emploie ordinairement trois sortes de châtimens : celui de la chambrière, celui de la gaule, et celui des éperons.

La chambrière est le premier châtiment dont on se sert pour faire craindre les jeunes chevaux, lorsqu'on les a fait trotter à la longe, et c'est la première leçon qu'on doit leur donner, comme nous l'expliquerons dans la suite. On se sert encore de la chambrière pour apprendre un cheval à piaffer dans les piliers : on s'en sert aussi pour chasser en avant les chevaux paresseux qui se retiennent et s'endorment ; mais elle est absolument nécessaire pour les chevaux rétifs et ceux qui sont ramingues et insensibles à l'éperon, parce qu'il faut remarquer que le propre des coups qui fouettent, lorsqu'ils sont bien appliqués et à temps , est de faire beaucoup plus d'impression , et de chasser bien plus un cheval malin ; que ceux qui le piquent ou qui le chatouillent.

On tire de la gaule deux sortes de châtimens. Le premier , lorsqu'on en frappe un cheval vigoureusement derrière la botte, c'est-à-dire, sur le ventre et sur les fesses, pour le chasser en avant. Le second châtiment de la gaule , c'est d'en appliquer un grand coup sur l'épaule d'un cheval qui détache continuellement des ruades par malice, et ce châtiment corrige plus ce vice que les éperons, auxquels il n'obéira que lorsqu'il les craindra et les connaîtra.

Le châtiment qui vient des éperons , est un grand remède pour rendre un cheval sensible et fin aux aides; mais ce châtiment doit être ménagé par un homme sage et savant : il faut s'en servir avec vigueur dans l'occasion; mais rarement, car rien ne désespère et n'avilit plus un cheval que les éperons trop souvent et mal-à-propos appliqués.

Pour bien donner des éperons, il faut approcher doucement le gras des jambes, ensuite appuyer les éperons dans le ventre. Ceux qui ouvrent les jambes et appliquent les éperons d'un seul temps, comme s'ils donnaient un coup de poing, surprennent et étonnent un cheval, et il n'y répond pas si bien, que lorsqu'il est prévenu et averti par l'approche insensible des gras de jambes. Il y en a d'autres qui avec des jambes ballantes chatouillent continuellement le poil avec leurs éperons, ce qui accoutume un cheval à quoailler, c'est-à-dire à remuer sans cesse la queue en marchant, action fort désagréable pour toutes sortes de chevaux, et encore plus pour un cheval dressé.

Il ne faut pas que les éperons soient trop pointus pour les chevaux rétifs et ramingues; au lieu d'apporter remède à ces vices, on y en ajouterait d'autres. Il y en a qui, lorsqu'on les pince trop

vertement, pissent de rage ; d'autres se
jettent contre le mur, d'autres s'arrêtent
tout-à-fait, et quelquefois se couchent
par terre. Pour accoutumer aux éperons
les chevaux qui ont ces vices, il ne faut
les appliquer qu'après la chambrière
et dans le milieu d'un partir de main.

CHAPITRE XVIII.

De la Nécessité du trot pour assouplir les jeunes chevaux, et de l'Utilité du pas.

M. de la Broue ne pouvait définir plus
exactement un cheval bien dressé, qu'en
disant que c'est celui qui a la souplesse,
l'obéissance et la justesse ; car si un cheval n'a le corps entièrement libre et souple, il ne peut obéir aux volontés de
l'homme avec facilité et avec grâce ; et
la souplesse produit nécessairement la
docilité, parce que le cheval alors n'a
aucune peine à exécuter ce qu'on lui demande : ce sont donc ces trois qualités
essentielles qui font ce qu'on appelle
un cheval ajusté. 25

La première de ces qualités ne s'acquiert que par le trot. C'est le sentiment général de tous les savans écuyers, tant anciens que modernes; et si, parmi ces derniers, quelques-uns ont voulu, sans aucun fondement, rejeter le trot, en cherchant dans un petit pas raccourci cette première souplesse et cette liberté, ils se sont trompés, car on ne peut les donner à un cheval qu'en mettant dans un grand mouvement tous les ressorts de sa machine; par ce raffinement on endort la nature, et l'obéissance devient molle, languissante et tardive, qualités bien éloignées du vrai brillant qui fait l'ornement d'un cheval bien dressé.

La longe attachée au caveçon sur le nez du cheval et la chambrière, sont les premiers et les seuls instrumens dont on doit se servir dans un terrain uni, pour apprendre à trotter aux jeunes chevaux qui n'ont point encore été montés, ou à ceux qui l'ont déjà été, et qui pèchent par ignorance, par malice ou par roideur.

Lorsqu'on fait trotter un jeune cheval

à la longe, il ne faut point dans les commencemens lui mettre de bride, mais un bridon ; car un mors, quelque doux qu'il soit, lui offenserait la bouche dans les faux mouvemens et les contre-temps que font ordinairement les jeunes chevaux, avant qu'ils aient acquis la première obéissance qu'on leur demande.

Je suppose donc qu'un cheval soit en âge d'être monté, et qu'on l'ait rendu assez familier et assez docile pour souffrir l'approche de l'homme, la selle et l'embouchure : il faudra alors lui mettre un caveçon sur le nez, le placer assez haut pour ne lui point ôter la respiration en trottant, et la muserolle du caveçon assez serrée pour ne point varier sur le nez.

Il faut encore que le caveçon soit armé d'un cuir, afin de conserver la peau du nez, qui est très-tendre dans les jeunes chevaux.

Deux personnes à pied doivent conduire cette leçon : l'une tiendra la longe, et l'autre la chambrière. Celui qui tient la longe, doit occuper le centre autour duquel on fait trotter le cheval; et celui

25*

qui tient la chambrière, suit le cheval
par derrière et le chasse en avant avec
cet instrument, en lui en donnant légèrement sur la croupe et plus souvent
par terre; car il faut bien ménager ce
châtiment dans les commencemens, de
peur de rebuter un cheval qui n'y est
point accoutumé. Quand il a obéi trois
ou quatre tours à une main, on l'arrête
et on le flatte, ce qui se fait en accour-
cissant peu à peu la longe, jusqu'à ce
que le cheval soit arrivé au centre, où
est placé celui qui le conduit; et alors
celui qui tient la chambrière la cache
derrière lui pour l'ôter de la vue du
cheval, et vient le flatter conjointement
avec celui qui tient la longe.

Après avoir accoutumé le cheval à l'o-
béissance de cette première leçon, ce qu'il
exécutera en peu de jours, si l'on s'y
prend de la manière que nous venons de
l'expliquer, il faudra ensuite le monter,
en prenant toutes les précautions nécessaires pour le rendre doux au montoir.
Le cavalier étant en selle, tâchera de
donner au cheval les premiers principes

de la connaissance de la main et des jambes ; ce qui se fait de cette manière. Il tiendra les rênes du bridon séparées dans les deux mains, et quand il voudra faire marcher son cheval, il baissera les deux mains , et en même temps il approchera doucement près du ventre les deux gras de jambes, sans avoir d'éperons (car il n'en faut point dans ces commencemens). Si le cheval ne répond point à ces premières aides, ce qui ne manquera pas d'arriver, ne les connaissant point, il faudra alors lui faire peur de la chambrière, pour laquelle il est accoutumé de fuir; en sorte qu'elle servira de châtiment, lorsque le cheval ne voudra pas aller en avant pour les jambes du cavalier; mais il ne faudra s'en servir que dans le temps que le cheval refusera d'obéir aux mouvemens des jarrets et des gras de jambes.

Lorsque le cheval commencera à obéir facilement, et se déterminera sans hésiter, soit à tourner pour la main , soit à aller en avant pour les jambes, et à changer de main, comme nous venons de l'enseigner, il faudra alors examiner

de quelle nature il est, pour proportion-
ner son trot à sa disposition et à son
courage.

Ces premières leçons de trot ne doivent
avoir pour but, ni de faire la bouche,
ni d'assurer la tête du cheval : il faut attendre qu'il soit dégourdi, et qu'il ait
acquis la facilité de tourner aisément aux
deux mains; par ce moyen on lui con-
servera la sensibilité de la bouche, et
c'est pour cela que le bridon est excellent
dans les commencemens, parce qu'il appuie très-peu sur les barres, et point du
tout sur la barbe, qui est une partie très-
délicate, et où réside, comme le dit fort
bien le duc de Newcastle, le vrai sentiment de la bouche du cheval.

Du Pas.

Quoique je regarde le trot comme le
fondement de la première liberté qu'on
doit donner aux chevaux, je ne prétends
pas pour cela exclure le pas, qui a aussi
un mérite particulier.

Il y a deux sortes de pas : le pas de
campagne, et le pas d'école.

Nous avons donné la définition du pas de campagne dans le chapitre des mouvemens naturels, et nous avons dit, que c'est l'action la moins élevée et la plus lente de toutes les allures naturelles: ce qui rend cette allure douce et commode, parce que dans cette action, le cheval, étendant ses jambes en avant, et près de terre, il ne secoue pas le cavalier comme dans les autres allures, où les mouvemens étant relevés et détachés de terre, on est continuellement occupé de sa posture, à moins qu'on n'ait une grande pratique.

Le pas d'école est différent de celui de campagne, en ce que l'action du premier est plus soutenue, plus raccourcie et plus rassemblée; ce qui est d'un grand secours pour faire la bouche à un cheval, lui fortifier la mémoire, le rapatrier avec le cavalier, lui rendre supportable la douleur et la crainte des leçons violentes qu'on est obligé de lui donner pour l'assouplir, et le confirmer à mesure qu'il avance dans l'obéissance de la main et des jambes. Voilà les avantages qu'on tire du pas d'école ; ils sont si grands, qu'il n'y a point de cheval, quelque bien dressé qu'il soit, auquel cette leçon ne soit très-profitable.

Mais comme un jeune cheval, au sortir du trot, où il a été étendu et allongé, ne peut pas sitôt être raccourci dans une allure rassemblée comme celle du pas d'école, je n'entends pas non plus qu'on le tienne dans cette sujétion avant qu'il n'y ait été préparé par les arrêts et les demi-arrêts.

Si l'on s'aperçoit que le pas soit contraire au naturel d'un cheval paresseux et endormi, parce qu'il ne sera point encore assez assoupli, il faudra le remettre au trot vigoureux et hardi, et même le châtier des éperons et de la gaule, jusqu'à ce qu'enfin il prenne un pas sensible et animé.

CHAPITRE XIX.

De l'Epaule en dedans.

Nous avons dit ci-devant que le trot est le fondement de la première souplesse et de la première obéissance que l'on doit donner aux chevaux, et ce principe est généralement reçu de tous les habiles écuyers; mais ce même trot, soit sur une ligne droite, soit sur des cercles, ne donne à l'épaule et à la jambe du cheval qu'un mouvement en avant, lorsqu'il marche sur la ligne droite, et un peu circulaire de la jambe et de l'épaule de dehors, lorsqu'il va sur le cercle : mais il ne donne pas une démarche assez croisée d'une jambe par dessus l'autre, qui est l'action que doit faire un cheval dressé, connaissant les talons, c'est-à-dire qui va librement de côté aux deux mains.

Pour bien concevoir ceci, il faut faire attention que les épaules et les jambes d'un cheval ont quatre mouvemens. Le premier, est celui de l'épaule en avant

quand il marche droit devant lui; le
deuxième mouvement est celui de l'é-
paule en arrière quand il recule; le
troisième mouvement, c'est lorsqu'il lève
la jambe et l'épaule dans une place, sans
avancer ni reculer, qui est l'action du
piaffer; et le quatrième, est le mouvement circulaire et croisé que doivent
faire l'épaule et la jambe du cheval
lorsqu'il tourne étroit, ou qu'il va de
côté.

Les trois premiers mouvemens s'acquièrent facilement par le trot, l'arrêt
et le reculer, mais le dernier mouvement
est le plus difficile, parce que dans cette
action le cheval étant obligé de croiser
et de chevaler la jambe de dehors par-
dessus celle de dedans, si dans ce mouvement le passage de la jambe n'est pas
avancé ni circulaire, le cheval s'attrap-
pe la jambe qui pose à terre, et sur laquelle il s'appuie, et la douleur du coup
peut lui donner une atteinte, ou du
moins lui faire faire une fausse position, ce
qui arrive souvent aux chevaux qui ne
sont pas assez souples des épaules. La

difficulté de trouver des règles certaines
pour donner à l'épaule et à la jambe la
facilité de ce mouvement circulaire d'une
jambe par-dessus l'autre, a toujours embarrassé les écuyers, parce que sans cette
perfection un cheval ne peut tourner facilement, ni fuir les talons de bonne
grâce.

Afin de bien approfondir la leçon de
l'épaule en dedans, qui est la plus difficile et la plus utile de toutes celles qu'on
doit employer pour assouplir les chevaux, il faut examiner ce qu'ont dit
M. de la Broue et M. le duc de Newcastle au sujet du cercle , qui, selon le
dernier, est le seul moyen d'assouplir parfaitement les épaules d'un cheval.

M. de la Broue « dit que toutes les
» humeurs et complexions des chevaux
» ne sont pas propres à cette sujétion ex-
» traordinaire, de toujours tourner sur
» des cercles pour les assouplir; et leurs
» forces n'étant pas capables de fournir
» tant de tours tout d'une haleine, ils se
» rebutent et se roidissent de plus en
» plus au lieu de s'assouplir. »

M. le duc de Newcastle s'explique ainsi :

« La tête dedans, la croupe dehors
» sur un cercle, met d'abord un cheval
» sur le devant, il prend de l'appui et s'as-
» souplit extrêmement les épaules, etc. »

» Trotter et galoper la tête dedans, la
» croupe dehors, fait aller tout le devant
» vers le centre, et le derrière s'en éloi-
» gne, étant plus pressé des épaules que
» de la croupe.

» Tout ce qui chemine sur un grand
» cercle travaille davantage, parce qu'il
» fait plus de chemin que tout ce qui
» chemine sur un plus petit cercle, ayant
» plus de mouvement à faire, et il faut
» que les jambes soient plus en liberté ;
» les autres sont plus contraintes et su-
» jettes dans le petit cercle, parce qu'el-
» les portent tout le corps, et celles qui
» font le plus grand cercle sont plus
» long-temps en l'air qu'elles.

» L'épaule ne peut s'assouplir, si la
» jambe de derrière de dedans n'est avan-
» cée et approchée, en travaillant, de
» la jambe de derrière de dehors. »

L'on voit par le propre raisonnement
de ces deux grands hommes, que l'un et

l'autre ont admis le cercle, mais M. de la Broue ne s'en sert pas toujours, et il préfère souvent le quarré.

Pour M. le duc de Newcastle, dont le cercle est la leçon favorite, il convient lui-même des inconvéniens qui s'y trouvent, quand il dit que dans le cercle, la tête dedans, la croupe dehors, les parties de devant sont plus sujettes et plus contraintes que celles de derrière, et que cette leçon met un cheval sur le devant.

Cet aveu que l'expérience confirme, prouve évidemment que le cercle n'est pas le vrai moyen d'assouplir parfaitement les épaules, puisqu'une chose contrainte et appesantie par son propre poids ne peut être légère : mais une grande vérité, que cet illustre auteur admet, c'est que l'épaule ne peut s'assouplir, si la jambe de derrière de dedans n'est avancée et approchée en marchant de la jambe de derrière de dehors : et c'est cette judicieuse remarque qui m'a fait chercher et trouver la leçon de l'épaule en dedans dont nous allons donner l'explication.

Lors donc qu'un cheval saura trotter librement aux deux mains sur le cercle

et sur la ligne droite ; qu'il saura, sur
les mêmes lignes, marcher un pas tranquille et égal, et qu'on l'aura accoutumé
à former des arrêts et demi-arrêts, et à
porter la tête en dedans, il faudra alors
le mener au petit pas lent et peu raccourci
le long de la muraille, et le placer de
manière que les hanches décrivent une
ligne, et les épaules une autre. La ligne
des hanches doit être près de la muraille,
et celle des épaules détachée et éloignée
du mur environ d'un pied et demi ou
deux, en le tenant plié à la main où il
va. C'est-à-dire, pour m'expliquer plus
familièrement, qu'au lieu de tenir un cheval tout-à-fait droit d'épaules et de hanches sur la ligne droite le long du mur, il
faut lui tourner la tête et les épaules un
peu en dedans vers le centre du manège,
comme si effectivement on voulait le
tourner tout-à-fait ; et lorsqu'il est dans
cette posture oblique et circulaire, il faut
le faire marcher en avant et le long du
mur, en l'aidant de la rêne et de la
jambe de dedans : ce qu'il ne peut absolument faire dans cette attitude, sans

croiser ni chevaler la jambe de devant de dedans pardessus celle de dehors, et de même la jambe de derrière de dedans pardessus celle de derrière de dehors.

Pour changer de main dans la leçon de l'épaule en dedans, par exemple de droite à gauche, il faut conserver le pli de la tête et du col en quittant le mur, faire marcher le cheval droit d'épaules et de hanches sur une ligne oblique, jus-qu'à ce qu'il soit arrivé dans cette pos-ture sur la ligne de l'autre muraille ; et là il faudra lui placer la tête gauche et les épaules en dedans, et détachées de la ligne de la muraille, en l'élargissant et lui faisant croiser les jambes de dedans, cette main par-dessus celle de dehors, le long du mur et de la même manière que nous venons de l'expliquer pour la droite.

Lorsque le cheval commencera à obéir aux deux mains à la leçon de l'épaule en dedans, on lui apprendra à bien pren-dre les coins, ce qui est le plus difficile de cette leçon. Pour cela, il faudra, à chaque coin, c'est-à-dire au bout de cha-que ligne droite, faire entrer les épaules dans le coin, lui conservant la tête placée en dedans; et dans le temps qu'on tourne les épaules sur l'autre ligne , il faut faire passer les hanches à leur tour dans le coin par où les épaules ont passé. C'est avec la rêne de dedans et la jambe de dedans , qu'on porte le cheval en avant dans les coins; mais dans le temps qu'on le tourne sur l'autre ligne, il faut que ce soit avec la rêne de dehors, en portant la main en dedans , et prendre le temps qu'il ait la jambe de dedans en l'air et prête à retomber, afin qu'en tournant la main dans ce temps-là, l'épaule de dehors puisse passer par-dessus celle de dedans; et comme l'aide de tourner est une espèce de demi-arrêt , il faut , en tournant la main , le chasser un peu en avant avec le gras des jambes.

CHAPITRE XX.

De la Croupe au mur.

Ceux qui mettent la tête d'un cheval vis-à-vis du mur , pour lui apprendre à aller de côté, tombent dans une erreur dont il est facile de faire voir l'abus.

Cette méthode le fait plutôt aller par routine que par la main et les jambes; et lorsqu'on l'ôte de la muraille et qu'on veut le ranger de côté dans le milieu du manège , n'ayant plus alors d'objet qui lui fixe la vue, il n'obéit qu'imparfaitement à la main et aux jambes, qui sont les seuls guides dont on doive se servir pour conduire un cheval dans toutes ses allures. Un autre désordre qui naît de cette leçon, c'est qu'au lieu de passer la jambe de dehors par dessus celle de dedans, souvent il la passe par dessous , dans la crainte de s'attraper avec le fer de la jambe qui est à terre, ou de se heurter le genou contre le mur, dans le temps qu'il lève la jambe et qu'il la porte en avant pour la passer par dessus l'autre.

M. de la Broue est de ce sentiment, quand il conseille de ne se servir de la muraille , pour faire fuir les talons aux chevaux, que pour ceux qui pèsent ou tirent à la main : et bien loin de leur placer la tête si près du mur , il dit, qu'il faut tenir le cheval deux pas en-deçà de la muraille ; ce qui fait environ cinq pieds de distance de la tête du cheval au mur.

Je ne vois donc pas pourquoi tant de cavaliers, pour faire connaître les talons à un cheval, lui mettent la tête au mur, en le forçant d'aller de côté avec la jambe, l'éperon et même la chambrière, qu'ils font tenir par un homme à pied. Il est bien plus sensé, selon moi, pour éviter cet embarras et les désordres qui peuvent en arriver, de lui mettre la croupe au mur. Cette leçon est tirée de l'épaule en dedans.

Nous avons dit dans le chapitre précédent, qu'en menant un cheval l'épaule en dedans à main droite, ce qui donne la facilité à la jambe droite, lorsqu'il va de côté à main gauche, de chevaler par dessus la jambe gauche, et de même en le travaillant l'épaule en dedans à gauche, c'est l'épaule de ce côté qui s'assouplit, et qui donne à la même jambe le mouvement qu'elle doit avoir pour chevaler librement par dessus la droite, lorsqu'on mène un cheval de côté à main

droite. Suivant ce principe, qui est incontestable, il est aisé de convertir l'é-
paule en dedans en croupe au mur. On
s'y prend de cette manière.

Lorsqu'un cheval est obéissant aux
deux mains à la leçon de l'épaule en dedans, et qu'il sait, par conséquent, passer librement les jambes de dedans par
dessus celles de dehors, il faut, en le
travaillant, par exemple, à droite, après
l'avoir tourné dans le coin à un des bouts
du manège, l'y arrêter, la croupe vis-à-
vis et environ à deux pieds de distance
de la muraille, de peur qu'il ne se frotte
la queue contre le mur ; et au lieu de
continuer d'aller en avant, il faut le retenir de la main et le presser de la jambe
gauche, pour lui dérober quelque temps
de côté sur le talon droit, et, s'il obéit
deux ou trois pas, l'arrêter et le flatter,
pour lui faire connaître que c'est là ce
qu'on lui demande.

Comme la nouveauté de cette leçon
embarrasse un cheval les premiers jours
qu'on la lui fait pratiquer, il faut dans
les commencemens le mener les rênes

séparées, et très-doucement, afin de pouvoir mieux retenir les épaules; et ne point
chercher à le plier, mais lui donner seulement une simple détermination pour
aller de côté, sans observer de justesse.
Sitôt qu'il fuira la jambe deux ou trois
pas sans hésiter, il faudra l'arrêter un
peu de temps, le flatter et reprendre ensuite de côté, en continuant toujours de
l'arrêter et de le flatter, pour peu qu'il
obéisse, jusqu'à ce qu'enfin il soit arrivé
dans cette posture au bout de la ligne,
le long du mur et à l'autre coin du manège. Après l'avoir laissé reposer quelque temps dans la place où il a fini, on
revient ensuite à gauche sur la même
ligne, en se servant de la jambe droite
pour le faire aller de côté, et observer
la même attention, qui est de le flatter
dès qu'il aura obéi trois ou quatre pas de
bonne volonté, et continuer ainsi jusqu'à ce qu'il soit arrivé au coin d'où l'on
est parti d'abord.

Lorsque le cheval commence a obéir
et à aller librement de côté aux deux
mains la croupe au mur, il faut le pla-

cer dans la posture où il doit être pour
fuir les talons avec grâce ; ce qui se fait
en observant trois choses essentielles.

La première, c'est de faire marcher les
épaules avant les hanches; autrement le
mouvement circulaire de la jambe et de
l'épaule de dehors, qui fait voir la grâce
et la souplesse de cette partie, ne se
trouverait plus. Il faut tout au moins
que la moitié des épaules marche avant
la croupe; en sorte que (supposant, par
exemple, qu'on aille à droite) la position du pied droit de derrière soit sur la
ligne du pied gauche de devant, comme
on le peut voir dans le plan de terre.
Car si la croupe marche avant les
épaules, le cheval est entablé, et la
jambe de derrière de dedans, marchant
et se plaçant plus avant que celle de
devant du même côté, rend le cheval
plus large du derrière que du devant, et
par conséquent sur les jarrêts ; car pour
être sur les hanches, un cheval en marchant doit être étréci de derrière.

La seconde attention qu'on doit avoir,
lorsqu'un cheval commence à aller libre-

ment de côté la croupe au mur, c'est de
le plier à la main où il va. Un beau pli
donne de la grâce à un cheval, lui attire
l'épaule du dehors et en rend l'action
libre et avancée. Pour l'accoutumer à se
plier à la main où il va, il faut à la fin
de chaque ligne de la croupe au mur,
après l'avoir arrêté, lui tenir la tête avec
la rêne de dedans, en faisant jouer le
mors dans la bouche ; et lorsqu'il cède
à ce mouvement, le flatter avec la main
du côté qu'on l'a plié. On doit observer
la même chose en finissant à l'autre main,
sur l'autre talon ; et par ce moyen le
cheval prendra peu-à-peu l'habitude de
marcher plié et de regarder son chemin
en allant de côté.

La troisième chose qu'on doit encore
observer dans cette leçon, c'est de faire
ensorte que le cheval décrive les deux
lignes ; savoir, celle des épaules et celle
des hanches, sans avancer ni reculer ; en
sorte qu'elles soient parallèles. Comme
cela vient en partie du naturel du cheval, il arrive ordinairement que ceux
qui sont pesans ou qui tirent à la main,

sortent de la ligne en allant trop en avant;
c'est pourquoi il faut retenir ceux-ci de la
main de la bride, sans aider des jambes.
Il faut au contraire chasser en avant ceux
qui ont la mauvaise habitude de se retenir et de s'acculer, en se servant des jarrets, des gras de jambes, et quelquefois
même des éperons, suivant qu'ils se retiennent plus ou moins. Avec ces précautions on maintiendra les uns et les
autres dans l'ordre et dans l'obéissance
de la main et des jambes.

CHAPITRE XXI.

De l'Utilité des piliers.

Les piliers sont de l'invention de M.
de Pluvinel, qui eut l'honneur de mettre Louis XIII à cheval. Il nous a laissé
un Traité de Cavalerie, dont les planches
sont estimées des curieux par rapport à
la gravure et à l'habillement des seigneurs
de la cour de ce prince.

M. le duc de Newcastle n'est point pour
les piliers. Il dit « qu'on y estrapasse et

» qu'on y tourmente mal à propos un
» cheval pour lui faire lever le devant,
» espérant par-là le mettre sur les han-
» ches; que cette méthode est contre
» l'ordre et rebute tous les chevaux;
» que les piliers mettent un cheval sur
» les jarrets, parce que, quoiqu'il plie
» les jarrets, il n'avance pas les hanches
» sous lui pour garder l'équilibre, sou-
» tenant son devant sur les cordes du
» caveçon.

La première attention qu'on doit avoir
dans les commencemens, en mettant
un cheval dans les piliers, c'est d'attacher les cordes du caveçon égales et
courtes , de façon que les épaules du
cheval soient de niveau avec les piliers
et qu'il n'y ait que la tête et l'encolure
qui soient au-delà; par ce moyen il ne
pourra passer la croupe par dessous les
cordes du caveçon, ce qui arrive quelquefois. Il faut ensuite se placer avec la
chambrière derrière la croupe , et assez
éloigné pour n'être point à portée d'être
frappé ; le faire ensuite ranger à droite
et à gauche en donnant de la chambrière

par terre, et quelquefois légèrement sur la fesse. Cette manière de faire ranger un cheval de côté et d'autre, lui apprend à passer les jambes, le débrouille et lui donne la crainte du châtiment. Quand il obéira à cette aide, il faudra le chasser en avant, et dans le temps qu'il donne dans les cordes, l'arrêter et le flatter, pour lui faire connaître que c'est là ce qu'on lui demande; et il ne faut point lui demander autre chose, jusqu'à ce qu'il soit confirmé dans l'obéissance de se ranger à droite et à gauche , et piaffer en avant pour la chambrière, suivant la volonté du cavalier.

Lorsque le cheval sera confirmé dans cet air de piaffer, que produit le passage entre les piliers, il faudra alors, et non plus tôt, commencer à le détacher de terre, lui faisant lever quelque temps de pesade et de courbette, en touchant légèrement de la gaule par devant, et l'animant de la chambrière par derrière. Non-seulement la courbette est un bel air, mais elle fait que le cheval est plus relevé dans son devant, et a une action d'épaule plus sou-

tenue au piaffer; ce qui l'empêche de trépigner, action désagréable, qui fait que
le cheval bat la poussière avec des temps
précipités; au lieu que le piaffer est une
action d'épaule soutenue et relevée, avec
le bras de la jambe qui est en l'air, haut
et plié au genou; ce qui donne beaucoup
de grâce à un cheval. Afin que le cheval
ne se lève pas sans attendre la vonlonté du
cavalier (ce qui produirait des sauts dé-
sordonnés, sans règle ni obéissance), il
faut toujours commencer et finir chaque
reprise par le piaffer, ensorte qu'il lève
quand on veut et qu'il piaffe de même.
Par-là on évitera la routine, qui est le
défaut des écoles mal réglées.

Comme il y a du danger à monter un
cheval dans les piliers, lorsqu'il n'y est pas
encore accoutumé, il ne faut pas y exposer un cavalier avant que le cheval soit
dressé et fait à l'obéissance qu'on en exige
suivant les principes que nous venons de
décrire. Et même lorsqu'on commence à
le monter dans les piliers, on continue
les mêmes pratiques dont on s'est servi
avant que le cavalier fût dessus, c'est-à-

dire, qu'il faut le ranger à droite et à gauche, en le secourant des jambes pour le faire donner dans les cordes. Insensiblement il s'accoutumera à piaffer pour la main et les jambes, comme il a fait • auparavant pour la chambrière.

CHAPITRE XXII ET DERNIER

Des Opérations de chirurgie qui se pratiquent sur les chevaux.

Nous avons réservé pour la fin de cet ouvrage une courte peinture des opérations manuelles ou chirurgicales, que les maréchaux pratiquent sur le corps des chevaux, et la manière de les panser après que les opérations sont faites. Comme les mêmes opérations se pratiquent en différentes occasions et pour différentes maladies, on eût été embarrassé de leur donner une place convenable dans le cours du livre, et l'on aura l'avantage de voir en abrégé une espèce de chirurgie entière pour les chevaux. On aurait

pu enfler ce chapitre d'un plus grand détail; mais ne voulant rien avancer ni ex-
traire des auteurs, même les meilleurs,
dont l'expérience, qui est le plus sûr ga-
rant auquel on puisse se fier, ne nous
ait bien assuré, nous nous contenterons
de faire les observations sur les opérations qui ont été faites en présence de
tout le monde.

De la Saignée.

La saignée est une des opérations qui
se pratiquent le plus fréquemment sur les
animaux aussi bien que sur l'homme.
Cette opération n'est autre chose qu'une
incision faite au vaisseau pour en tirer
du sang. Comme il y a deux sortes de vaisseaux qui en contiennent, savoir, les
veines et les artères, on fait aussi incision à ces deux espèces de vaisseaux.

Il n'y a point de partie qui ne con-
tienne des veines et des artères. Il n'y
aurait point aussi de partie exempte de
la saignée, si la grosseur ou la petitesse
des vaisseaux ne réduisait les saignées à

un petit nombre de parties, dans lesquelles on en trouve d'une grosseur
moyenne. Les dernières ramifications
des vaisseaux, que l'on nomme *les extré-*
mités capillaires, fourniraient trop peu
de sang; et les gros vaisseaux, tels que les
grosses artères, en fourniraient tant, et
avec tant d'impétuosité, que l'on aurait
de la peine à en arrêter le cours.

On a donc réduit au nombre suivant,
ou à-peu-près, celui des saignées pratica-
bles, ou du moins nécessaires.

On fait communément cette opération à la langue, au palais, au col, aux
ars, aux flancs, au plat de la cuisse en
dedans, à la pince et à la queue.

Dans les saignées qui se pratiquent sur
les hommes, les chirurgiens sont en usage
de poser une ligature sur le vaisseau dont
ils veulent tirer du sang, pour en inter-
cepter le cours.

Ils ne sont dans cet usage que parce
que les vaisseaux de l'homme étant extrêmement fins, déliés et roulans, ils au-
raient de la peine, sans cette précaution,
à les ouvrir transversalement et les as-

sujétir sous la lancette. Mais comme ces vaisseaux sont infiniment plus gros dans les chevaux, cette précaution devient inutile; c'est pourquoi on peut les faire toutes, et réellement on les fait toutes sans ligature.

On se sert de divers instrumens pour faire cette opération.

Elle se pratique avec la lancette, la flamme, la corne de chamois, un clou à attacher les fers, etc.

La flamme est l'instrument le plus usité pour les saignées que l'on fait aux chevaux : on va décrire celles où les autres instrumens s'employent.

De la Saignée au col.

La saignée au col est la seule où l'on employe la ligature, car je ne parle pas de celle qui se fait au paturon, quand on veut barrer la veine, parce que l'on en tire du sang, plutôt pour s'assurer la ligature du vaisseau que pour faire une saignée.

On passe une corde autour du col le plus près que faire se peut du garot et

des épaules; on la serre par le moyen
d'un nœud coulant, qui est à un des bouts
de la corde: quelques personnes sont dans
l'usage d'arrêter ce nœud coulant par un
autre nœud serré: mais cette méthode
est dangereuse, parce que, quand on veut
le défaire, si le cheval vient à tomber en
défaillance (ce qui arrive quelquefois),
on est trop long-temps à défaire ce nœud.

Il faut pour la même raison faire attention à ne pas trop serrer cette corde,
parce qu'en comprimant trop les vaisseaux du col, le cheval s'étourdirait,
tomberait sur la place, et de sa chute
pourrait se tuer; ce que l'on a vu arriver
plus d'une fois. S'il a un filet dans la bouche, on a soin de le remuer, afin que le
mouvement des mâchoires fasse gonfler
la veine; s'il n'a qu'un licol, on procure
le même effet en lui mettant les doigts
ou un bâton dans la bouche. Quand on
a trouvé le moment où la veine est suffisamment gonflée, on pose la flamme dessus, et avec une clef ou le manche du brochoir on donne un coup sec sur le dos
de cet instrument pour couper le cuir,

qui est fort dur, et le vaisseau d'un seul coup.

Il y a du danger à donner le coup trop faiblement, il y en a à le donner trop fort.

En le donnant trop mollement, on entame le cuir sans ouvrir le vaisseau, et l'on ne tire point de sang, ou l'on fait une saignée baveuse. En donnant le coup trop violemment, on pourrait estropier un cheval ; mais l'usage fait prendre un juste milieu, que les livres ne peuvent indiquer.

Quand on a tiré la quantité de sang que l'on souhaite, il faut, avant de refermer la veine, presser légèrement les environs de la saignée à un pouce de distance autour de l'ouverture, ce qui se fait communément en passant dessus la corde même qui a servi de ligature. Il est bon d'user de cette précaution, parce que l'on a vu quelquefois des inflammations et des abcès se former à l'occasion du sang caillé, épanché aux environs de la saignée, et être suivie de la gangrène, surtout dans les grandes chaleurs de l'été.

Ensuite on pince les deux lèvres de la plaie que l'on a faite, et on les perce d'outre en outre avec une épingle, autour de laquelle on tortille, ou en croix de St-André, ou en rond, cinq ou six crins que l'on arrache de la crinière du cheval même, et on les noue d'un double nœud.

Le lieu de cette saignée est quatre doigts au-dessous de la fourchette. On appelle fourchette une bifurcation de la veine, qui paraît manifestement sur le col. Plus haut on n'aurait qu'un petit vaisseau, et plus bas on trouverait trop de chair à percer avant de rencontrer le vaisseau. C'est environ deux ou trois doigts au-dessous de l'endroit du col, où répond l'angle de la mâchoire inférieure, qu'on appelle la ganache. Cette saignée peut cependant se pratiquer sans passer la corde avec le nœud coulant, et l'on est même quelquefois obligé de s'en abstenir, par exemple, à des chevaux qui ont une gale vive sur le col, ou une plaie considérable sur laquelle il faudrait que la corde appuyât; on fait pren-

dre alors par un serviteur la peau à pleine
main , vers le bas du gosier , et on la
fait tirer du côté adverse assez fortement
pour faire gonfler la veine que l'on veut
saigner, et quand la veine paraît assez
grosse, on saisit le moment pour donner le coup de flamme, comme dans la
précédente manière.

De la Saignée à la langue.

Toutes les autres saignées se font sans
corde, même celle de la langue. On se
contente de la tirer doucement dehors,
de crainte de l'arracher. On la retourne
un peu, on la mouille avec une éponge,
et on coupe avec la flamme ou une lancette. ou un clou à ferrer plus communément, les vaisseaux qui paraissent à la
partie inférieure; on la laisse saigner à
discrétion, parce que le sang s'arrête de
soi-même et que ces vaisseaux en four-
nissent peu. Cette saignée se pratique
ordinairement pour les avives.

De la Saignée au palais.

Pour celle du palais, rien n'est plus

commun. Les palfreniers sont dans l'usage de la faire sans demander avis, aussitôt qu'ils voient leurs chevaux dégoûtés;
ils ont un morceau de corne de cerf ame-
nuisé et pointu par le bout, ou une corne
de chamois, qu'ils enfoncent le matin à
jeun dans le troisième ou quatrième sillon du palais. Cette saignée, si on la faisait plus loin, ne serait pas sans danger;
car on aurait de la peine à étancher le
sang. Quand cet accident arrive, il faut
faire un plumaceau avec de la filasse,
et le saupoudrer de vitriol, l'appliquer
sur le mal, et par-dessus mettre un gros
tampon de filasse, que l'on appuye par
un bandage qui passe par-dessus le nez,
et on attache le cheval avec son licol un
peu haut par les deux côtés; il faut
le laisser cinq ou six heures sans le dé-
lier et sans lever l'appareil, ni par
conséquent lui donner à manger. Cette
saignée se pratique aussi pour le lampas,
parce qu'elle dégorge les vaisseaux, dont
la plénitude cause cette maladie.

De la Saignée aux flancs.

Quoique cette saignée ne soit pas si

difficile que la précédente, on met cependant quelquefois plus de temps à la faire.

Il passe tout du long des côtes du cheval, de la partie antérieure à la partie postérieure sur le ventre, un vaisseau qui est quelquefois très-gros, et quelquefois paraît très-peu.

Quand il paraît peu, on est obligé de mouiller le poil avec de l'eau chaude et une éponge, et on coupe cette veine avec la flamme, en donnant, comme à la précédente, un coup sec avec le manche du brochoir.

Il y a cependant quelques personnes qui, sans donner de coup sur la flamme, coupent transversalement le vaisseau avec le tranchant de la flamme; mais cette manière est plus en usage pour la saignée qui se pratique au plat de la cuisse en dedans.

De la Saignée au plat de la cuisse en dedans.

On ne mouille point le vaisseau dans cette partie, parce qu'il est assez apparent, et on ne se sert point de l'éponge, parce que la peau y est plus tendre ; on tranche le vaisseau en travers avec la pointe de la flamme, et on se retire promptement, dans la crainte de recevoir une ruade du cheval.

Il y a cependant des maréchaux qui font cette opération avec la même tranquillité que les précédentes; ils ajustent leur flamme sur le vaisseau, donnent un coup de manche du brochoir, et ensuite en font la ligature, comme il a été dit.

La saignée aux flancs se pratique pour les tranchées, et celle au plat de la cuisse en dedans pour des efforts de hanche, de jarret ou de rein.

De la Saignée à la queue.

On saigne à la queue pour un ébranlement ou effort de reins. Cette saignée se pratique de différentes façons: ou en coupant un ou deux nœuds en entier, ou en fendant la queue par une incision cruciale ou en figure de T, ou en donnant dedans plusieurs coups de flamme.

Si c'est un cheval à courte queue on n'en coupe point de nœud, parce que la

moelle allongée, perçant jusqu'au trois
ou quatrième, il pourrait en survenir
des accidens, outre la difformité qui en
résulterait ; on se contente de faire une
incision longitudinale à la partie inférieure, et une transversale au bout ; ou
bien on fait l'incision transversale à un
ou deux pouces de distance du bout, ce
qui forme une croix : c'est ce que les maréchaux appellent faire le gâteau.

Quand on veut saigner un cheval à
la queue pour le guérir des démangeai-
sons qu'il a dans cette partie, l'usage
n'est point de fendre la queue, ni de
faire d'incision cruciale, ni d'en couper
de nœuds ; mais seulement d'y donner
plusieurs coups de flamme dessous et sur
les côtés, pour en faire sortir du sang.
Il y a des personnes qui ne veulent point
que l'on fasse aucune espèce de saignée
à la queue dans cette maladie ; et leur
raison est, qu'autant de coups de flamme
que l'on donne, sont autant de plaies
douloureuses, qui, pour former leurs cicatrices, se recouvrent de nouvelles gal-
les plus incommodes que la première,
et obligent le cheval à se frotter de nou-

veau et remuer la queue perpétuelle-
ment; c'est pourquoi on préfère de la
bassiner avec de l'eau et du sel ou autres
remèdes convenables.

A ceux qui ont la queue longue, on
ne doit pas craindre d'en couper un ou
deux nœuds, dans l'appréhension de perdre les crins; car le restant du tronçon
les fournit assez longs après; quoique
cependant on puisse regarder cette pratique comme inutile et plus douloureuse
que nécessaire.

A toutes ces saignées, on laisse couler
le sang aussi abondamment qu'il peut,
et on ne cherche point à l'étancher;
excepté quand on coupe deux nœuds,
alors on arrête le sang avec le feu, que
l'on y met avec le brûle-queue; on met
ensuite de la poix ou du crin tortillé,
sur l'endroit que l'on vient de cautériser,
avec le feu que l'on y remet de nouveau
de la même manière.

Cette saignée se pratique ordinairement pour un effort ou pour un ébranlement de reins.

De la Castration.

Il faut renverser le cheval par terre,

lui lier avec une corde la jambe du
montoir de derrière, lui passer cette
corde par-dessus le col, et fendre avec
un bistouri bien tranchant la première
peau du scrotum ou de la bourse, c'est
la même chose, et faire cette incision à
la partie latérale. Après la première
peau, s'en présente une seconde, que
l'on fend encore, suivant la même direction ; on fait sortir le testicule que l'on
tire doucement à soi ; puis avec un fer à
châtrer, qui s'ouvre et se ferme comme
une espèce de compas, on embrasse et
on serre tout le paquet des vaisseaux
spermatiques, ayant la précaution de
glisser dessous les deux jambes du fer
un linge mouillé en double, de crainte
qu'en passant le feu on ne brûle tous
les vaisseaux et les parties voisines. Quand
on a serré le fer et arrêté la vis avec un
bistouri, on coupe le testicule à l'épaisseur de deux écus près du fer, puis on
appuie un fer rouge sur le bout des cordons coupés. On frotte ensuite avec une
masse, composée avec de la poix blanche et du vert de gris, et l'on y repasse

un autre fer rouge; on en fait autant à l'autre testicule, et l'opération est faite.

Quand tout cela est fini, il faut détacher le cheval et le laisser relever, puis le mener à la rivière, s'il en est proche; ou bien on le lave avec un seau d'eau fraîche. Si c'est en été, on continue de quatre heures en quatre heures à le laver avec de l'eau fraîche. Si c'est en hiver, on fait tiédir l'eau. Il faut que cette plaie suppure et qu'il tombe une escare. C'est pourquoi, si cette plaie se refermait, on la rouvrirait avec le doigt oint de saindoux ou de crême.

Il faut, si on le peut, ôter les vilenies et le camboui qui se trouve dans le fourreau, avec un peu d'huile d'olive.

Du Séton et de l'Ortie.

Le séton est un morceau de corde faite avec moitié chanvre et moitié crin, ou un morceau de cuir, ou quelqu'autre corps semblable, que l'on introduit entre cuir et chair par une ouverture, et que l'on fait ressortir par une autre, pour donner issue à des matières qui

28

étaient enfermées et qui croupissaient dans quelque partie.

L'ortie est un pareil morceau de corde, cuir , ou fer battu, ou de plume , que l'on introduit par une ouverture, et que l'on ne peut retirer que par son entrée.

Ces opérations se pratiquent à différentes parties du corps, sur le toupet , au bas de la crinière , au garrot , et à d'autres parties; mais la principale étant celle qui se fait à l'épaule, on jugera aisément, par la description de celle-ci, comment elles se pratiquent aux autres parties.

Quand on veut appliquer un séton ou une ortie à l'épaule, si c'est un cheval qui ait le poitrail fort large , et par conséquent qui ait les épaules fort grosses, on commence par lui broyer l'épaule avec une tuile, une brique ou quelque corps qui soit fort dur, pour que la peau se détache plus facilement ; il faut avoir pris la précaution de renverser le cheval sur du fumier ou de la paille, surtout s'il est méchant, car il y a des chevaux si patiens, qu'il suffirait de les retenir. Quand on a broyé cette partie, on coupe avec un rasoir ou un bistouri le cuir en travers, à trois doigts au-dessus de la jointure du coude; puis avec un morceau de cerceau poli, un cierge, ou encore une spatule de fer bien lisse et polie, destinée à cet usage, on sépare la peau d'avec la partie externe du corps de l'épaule, en remontant jusques vers le garrot ou le bas de la crinière, et promenant la spatule en long et en large devant et derrière l'épaule, afin que les sérosités et les glaires s'amassent dans cet espace; ensuite on fait entrer avec la spatule un morceau de cuir replié, long de dix-huit ou vingt pouces, et large de sept à huit lignes; et afin qu'il ne glisse pas, et qu'il ne sorte pas avant qu'on veuille le retirer, on fait avec la spatule une petite coche entre cuir et chair à la partie inférieure de l'incision, pour y loger le bout excédent de ce cuir. C'est ainsi que se pratique l'ortie. Pour en faire un séton, il n'y a qu'à faire une contr'ouverture à la partie supérieure de

28*

l'épaule, et mettre un morceau de cuir, beaucoup plus long, ou une corde faite avec moitié crin et moitié filasse, et la remuer tous les jours dans le pansement pour la nétoyer et l'enduire de nouveau de suppuratif ou de quelqu'autre onguent semblable. En tirant cette corde, on ne l'ôte point entièrement pour cela, on ne fait que la passer et repasser. Quand on ne fait qu'une ortie, on l'enduit la première fois de suppuratif, et on la laisse en place quinze à dix-huit jours ; car quoique les maréchaux soient dans l'usage de ne la laisser en place que neuf jours, par complaisance pour des particuliers impatiens, qui veulent voir promptement la décision de la cure, soit en bien, soit en mal, l'expérience fait voir, dans les maux un peu graves, que ce terme est trop court.

Il faut, après que l'opération est faite, empêcher le cheval de se coucher pendant tout le temps qu'il porte le séton ou l'ortie, pour donner une pente continuelle aux humeurs, ce que l'on fait communément en le suspendant : car

tout le monde sait que les chevaux dorment aisément debout ; le régime qu'il
faut faire observer au cheval consiste à
lui ôter l'avoine, le mettre au son et à
la paille pour nourriture, et l'eau de son
pour boisson.

Il ne faut pas oublier, après l'opération, de frotter l'épaule avec l'onguent
ou huile rosat, et l'eau-de-vie, et les
jours suivans d'y appliquer matin et soir
une charge résolutive et spiritueuse, pour
fortifier la partie ; on peut employer,
par exemple, l'emmiélure rouge, et à
son défaut l'émmielure commune, et y
ajouter un demi-setier d'eau-de-vie.

Quand on passe des sétons ou des or-
ties à d'autres parties, comme à la nuque, au col, sur les rognons et ailleurs,
on fait l'ouverture et le détachement de
la peau proportionnés à la grandeur de la
partie.

Quelquefois on passe un séton au travers d'une tumeur; en ce cas, la matière
a cavé dessous suffisamment, et il est inutile de séparer davantage le cuir d'avec
la chair.

Il y a des maréchaux très sensés, qui prétendent avec quelque apparence de raison, que cette opération pratiquée, comme on vient de le décrire, ne sert qu'à dessécher le dessus de l'épaule. Or comme cette opération ne se pratique que pour des écarts, ou une épaule entr'ouverte, ce qui n'arrive point sans que la lymphe du sang remplisse le vide qui se forme par le déchirement du tissu cellulaire qui joint l'épaule au coffre, et que cette lymphe épanchée, venant à prendre dans son séjour une consistance de gelée, forme ce qu'on appelle des glaires, auxquelles il faut procurer une issue, pour empêcher un cheval de boiter, ils prétendent avec raison que le séton passé au-dessus n'en peut aucunement procurer l'issue, et en proposent deux autres, qui y remédieraient fort bien, si elles étaient sans danger.

L'une, est de faire faire au séton le tour des bords de l'omoplate (c'est l'os de l'épaule, qu'on nomme vulgairement le *palleron* ou la *pallette*; ou au moins le demi-tour de ces bords, qui joignent l'épaule au coffre.

L'autre est de cerner l'épaule par-dessous, en commençant sous le pli du coude, au-dessus de l'ars, et faisant faire à la spatule le même chemin, sous l'omoplate même, qu'on lui fait faire dessus, dans l'opération qui a été décrite plus haut.

Cette manière d'opérer est fort bien imaginée, puisqu'elle attaque le mal dans son principe, donnant un écoulement à des humeurs qui n'en peuvent avoir, après s'être infiltrées par un écart entre l'épaule et le coffre.

Manière de Dessoler.

Il y a des chevaux si doux, qu'on peut les dessoler à la main ; mais quand ils sont méchans, ou qu'on s'en méfie, on les met dans le travail, ou bien on les renverse par terre. On les prépare ordinairement la veille en y mettant une emmiélure ; ensuite on pare les pieds le plus mince qu'on peut, on ouvre bien les talons, et avec le boutoir même on coupe et on cerne la sole tout autour du sabot, y laissant pourtant à l'entour l'épaisseur de deux écus de sole. Il faut prendre garde de trop enfoncer le boutoir; il suffit de couper assez avant pour qu'il en sorte une petite rosée de sang. Quand avec le boutoir on a détaché de tous côtés les plus fortes adhérences de la sole, on repasse le bistouri dans la rainure qui a été faite, et en soulevant la sole par un côté, on coupe avec le bistouri toutes les adhérences qui sont dessous, en frappant légèrement sur le dos du bistouri avec le manche du brochoir. Les côtés étant bien détachés, on enlève la sole avec un instrument appelé *lève-sole*; on la saisit avec les triquoises, et on l'arrache. Quand tout cela est fait, on passe une corde autour du paturon pour resserrer les vaisseaux, étancher le sang, et se donner le temps de reconnaître le véritable état du pied. Si c'est pour encastelure, ou pour un clou de rue qui ait blessé la fourchette, on fend la fourchette d'un bout à l'autre, pour desserrer les talons et donner une plus libre circulation dans la partie, en dégorgeant les sucs qui y sont étranglés. S'il se trouve des

chairs fongueuses, baveuses ou surabon-
dantes, il faut bien se donner de garde
d'y mettre aucun caustique pour les guérir, ce serait rendre le mal incurable; il
faut couper, l'incision étant beaucoup
moins douloureuse. S'il y a quelque
bleime ou chair meurtrie, on y donne
quelques coups de bistouri ou de renette
pour la même raison; on fait lâcher ensuite pour un moment la corde qui lie la
jambe dans le paturon, pour laisser couler le sang et arroser la partie, et lui
servir de baume. Quand on croit la partie assez dégorgée, on fait resserrer la
corde, on lave la plaie avec de l'oxycrat
ou de l'eau-de-vie, on ferre à quatre ou
cinq clous, et ensuite on applique des
plumaceaux couverts de térébenthine, ou
imbibés seulement d'eau-de-vie et d'oxycrat, et des éclisses par-dessus, retenues
par une autre éclisse transversale qui
s'arrête entre les éponges du fer et les deux
côtés du talon; et on ne doit lever l'appareil au plustôt que quatre jours après;
car c'est une règle générale, que moins
une plaie est exposée à l'air, plus promp-

tement elle guérit. C'est la pourriture
seule, la trop grande quantité de pus,
et la crainte, qui font lever un premier
appareil; car on a vu des chevaux auxquels un seul appareil a suffi, après avoir
été dessolés, et la sole entièrement re-
venue au bout de quinze jours, pendant
lesquels on n'avait point levé l'appareil
pour quelque raison particulière.

Il faut avoir soin de mettre un restric-
tif avec bol et vinaigre, ou avec la suie
de cheminée, le vinaigre et les blancs
d'œuf autour du boulet toutes les vingt-
quatre heures, de crainte que la matière
ne souffle au poil.

De l'Amputation de la queue.

Toutes les saisons de l'année ne sont pas
propres à faire cette opération : le grand
froid la rend mortelle, le grand chaud
la rend incommode à cause des mouches,
et de la gangrène qui peut s'y mettre.

Elle se fait de diverses manières : on
se sert du bistouri; on se sert du boutoir;
on se sert d'un couteau. A un jeune poulain on peut la couper dans un joint avec

le bistouri, sans aucune difficulté. A un
cheval fait, on la coupait anciennement,
en mettant le boutoir sous la queue à
l'endroit où on voulait la couper, et en
donnant dessus un grand coup de maillet; mais c'était faire au cheval un double mal, meurtrissure d'un côté, incision
de l'autre. Aujourd'hui on s'y prend d'une
autre manière, on met la queue sur une
bûche debout, on met un grand couteau
fait exprès sur l'endroit où on veut la
séparer, on donne sur le couteau un grand
coup de maillet ou de marteau; on pen-
che le couteau un peu pour la couper
en flûte, afin que le cheval la porte par
la suite de meilleure grâce, puis on y
met le feu, en la levant le plus haut qu'on
peut avec le brûle-queue, qui est un fer
fait comme une clef des roues d'un car-
rosse, avec cette différence, que l'extrémité utile est ronde, et non carrée, afin
que la queue y puisse entrer. Il faut ensuite appliquer un peu de poix noire sur
le bout de la queue, et poser le fer, qui
aura perdu un peu de sa chaleur, sur la
poix, pour la faire fondre. Il faut avoir

29*

attention que le cheval ne soit pas dans l'écurie près de la muraille ni d'un pilier, après cette opération, afin qu'il ne puisse pas se frotter; ce qui cause quelquefois de grands accidens. Il faut après l'opération frotter avec de l'eau-de-vie le tronçon de la queue, jusques sur les rognons, pendant quelques jours, soir et matin. Si la queue était meurtrie ou trop brûlée, ou que le cheval se fût frotté, il faudrait se servir de l'esprit de térébenthine et eau-de-vie, partie égale, battues ensemble, et frotter comme ci-dessus.

Les maréchaux anglais, après avoir coupé la queue assez longue, font cinq ou six incisions d'égale distance, depuis la naissance de la queue en dessous, jusqu'à l'extrémité où elle est coupée. Ils laissent une suffisante quantité de crin au bout de la queue, pour y attacher une longue corde de la grosseur du bout du petit doigt : ils passent ensuite l'autre extrémité de cette corde dans une poulie qui est attachée au plancher positivement au-dessus du milieu du dos du che-

val, lorsqu'il a la tête à la mangeoire:
la même corde doit passer ensuite dans
une autre poulie, aussi attachée au plancher, derrière la croupe, au milieu du
trottoir; on suspend au bout de cette
corde un poids d'une certaine pesanteur,
de sorte que le cheval étant couché ou
relevé, ait toujours la queue soulevée et
renversée sur la croupe. On laisse cette
corde jusqu'à ce que les cicatrices soient
fermées. Cette opération leur fait porter, ce qu'on appelle, la queue à l'an-
glaise. Je ne vois pas pourquoi, en pra-
tiquant la même chose aux chevaux des
autres pays, ils ne la porteraient pas de
même.

Du Feu.

Il n'y a point de remède qui soit d'une
utilité si universelle que celui-ci dans
les maladies des chevaux; il était même
anciennement en grande faveur dans la
médecine pour les hommes, et ce serait
peut-être une question qui ne serait pas
mal fondée, de savoir, si la cruauté ap-
parente de ce remède a dû être une

raison suffisante pour le faire tomber
dans un si grand discrédit. Si la chirurgie
moderne a perfectionn. la dextérité de
la main pour faire les opérations les plus
hardies, elle a peut-être perdu aussi, en
s'attachant trop à la main, une ressource
infinie pour traiter un nombre des maladies que l'antiquité guérissait par le
moyen du feu, et que la chirurgie moderne abandonne comme incurables, ou
qu'elle entreprend sans succès, malgré
le haut point de perfection auquel elle
est parvenue. Laissons ces conjectures
qui ne sont pas de notre ressort; et venons à la manière de donner le feu.

Le feu est en usage pour les mêmes
raisons et à-peu près dans les mêmes cas
pour lesquels on employe le séton et
l'ortie; c'est-à-dire, lorsqu'il y a quelque tumeur extraordinaire, causée par
l'extravasion d'un suc qui par son séjour
peut se corrompre, altérer et même détruire une partie, ou par son déplacement en embarrasser le mouvement. Les
tiraillemens violens et fréquens, les sup-
purations abondantes, qui sont souvent

accompagnées ou précédées de grandes inflammations, étant fort à craindre dans les parties tendineuses et ligamenteuses qui sont dans le voisinage des jointures, parce que ces parties prêtent peu et se gangrènent plutôt que de s'allonger ou se dilater au-delà d'une certaine mesure proportionnée à leur ressort; par ces raisons, dis-je, on a banni de ces parties l'usage du séton et de l'ortie, que l'on n'emploie que dans les parties grasses et charnues, où tous ces accidens, lors même qu'ils arrivent, sont moins dangereux. Outre cet avantage du feu sur le séton et l'ortie, il y en a un autre à considérer, c'est que le feu est résolutif par lui-même. Ce n'est pas assez de donner une issue à un suc étranger à une partie; il faut encore donner à ce suc, souvent épaissi, la fluidité et la facilité nécessaires pour sortir par l'ouverture qu'on a pratiquée: c'est ce qu'on appelle *digérer*, *résoudre*, une humeur. Or, il est dans tous les corps animaux des matières d'une nature singulière, ou qui acquièrent cette nature par leur déplacement et leur séjour, et qui

deviennent les unes comme une gelée
épaissie, d'autres semblables à du suif,
d'autres à la cire, d'autres à la gomme,
d'autres à une résine mêlée de matières
terrestres, etc. Ces sortes de matières
ne peuvent que rarement, sur-tout quand
elles ont acquis une sorte de consistance,
se résoudre par des résolutifs tirés des
plantes dont on compose les charges
(ou cataplasmes) ordinaires; la chaleur
actuelle du feu, infiniment plus vive
que celles de tous ces *topiques*, est beaucoup plus propre à fondre ces matières,
à détruire cette glu et ces attaches ra-
meuses et intrinsèques, qui, en liant
toutes les particules d'un fluide, et em-
barrassant leur mouvement, en ôtent la
fluidité. Cette activité, propre au feu, le
rend le plus résolutif de tous les remèdes.
Il fait plus, il raccourcit toutes les fibres
(expérience aisée à faire, en présentant
un morceau de cuir à l'ardeur du feu),
et par conséquent rétablit leur ressort,
qui, quoique d'une manière imperceptible, ne laissent pas d'être dans une alter-
native perpétuelle de contraction et de

relâchement. Cette action serait inutile
sur des sucs épaissis à un certain point;
aussi la nature seule guérit rarement ces
maux: mais ces sucs étant fondus par la chaleur du feu, et ce ressort augmenté, cette
humeur achève de s briser et de s'atté-
nuer à la longue, et le rentrer insensiblement dans les voies de la circulation.
La cicatrice que laisse le feu ayant outre
cela durci les environs de la tumeur, ou
plutôt le centre, sert de digue pour empêcher un nouveau dépôt. C'est par cette
raison que si le feu ne diminue pas une tumeur du moins l'empêche-t-il de croître.

Quelques personnes sont scrupuleuses
sur le choix des matières dont ces instrumens doivent être faits : les uns prétendent qu'on doit préférer l'or; d'autres
tiennent pour l'argent; quelques-uns
pour le cuivre, et le plus grand nombre
pour le fer.

Le feu d'or et d'argent est reconnu
presque universellement pour être trop
violent : le cuivre serait plus doux; mais
les maréchaux sont plus accoutumés à

connaître le juste degré de chaleur du fer
que des autres métaux.

Quant aux diverses manières de l'appliquer, la situation ou la conformation
de la partie en détermine la figure; par
exemple, on barre les veines avec le feu,
et cet usage est moins douloureux et
moins dangereux que la manière précédente; car le feu ne cause pas une inflammation si grande, particulièrement aux
jambes, que l'on a vues quelquefois devenir de la grosseur du corps d'un homme,
ce qui n'arrive jamais par le feu. On le met
avec le couteau de feu, en faisant une croix
ou une étoile sur la veine, ou en tirant
dessus deux ou trois petites raies : on
évite outre cela le danger du farcin, dont
nous avons parlé.

On barre ainsi la veine au larmier,
au jarret, au bras, à la cuisse, etc.

On perce des abcès avec des pointes
de feu, sur-tout au garot, au toupet,
pour le mal de taupe, sur les rognons,
et aux endroits où nous avons dit que ve-
naient les cors, quand il y a du pus.

A l'épaule, pour un écart; ou à la

hanche pour un effort, on le met en figure de roue : quelquefois au lieu de
faire des rayons, après avoir tracé le cercle, on y dessine avec une pointe de feu
les armes du maître, un pot de fleurs,
une couronne, ou autre chose semblable,
suivant le goût de celui qui travaille;
mais la figure n'y fait rien. Quand il faut
beaucoup de raies et de boutons de feu,
on peut y faire quelque dessin, mais il
serait ridicule de tracer une figure de feu
à un endroit où il ne faut que deux ou
trois raies, comme à un suros, où une
petite étoile suffit; à une fusée, où on le
met en fougère, ou patte d'oie, c'est-à-
dire à-peu-près comme les rayons d'un
éventail, ou quelquefois en raies dis-
posées comme les barbes d'une plume.

Ce qu'on appelle grains d'orge et semence de feu, c'est la même chose; ce
sont de petites pointes de feu, plus petites
que les autres, et que l'on sème sur des lignes où on a déjà passé légèrement le feu.

A la couronne, lorsque la matière souffle au poil, ou qu'on veut rélargir le sabot et lui faire reprendre nourriture, on
applique de petites raies.

Quand la corne est éclatée, on y met une S de feu pour réunir les deux quartiers séparés par une seime, afin qu'ils y fasse une avalure qui les puisse réunir. On appelle avalure, une corne plus tendre, formée par un suc gélatineux qui succède à la place de la corne qui a été emportée, et qui est moins sèche et moins cassante que la corne vieille, et qui par conséquent donne le temps au reste du sabot qui est fendu, de se rejoindre, à l'aide des bons remèdes qu'on y applique, ou plutôt qui sert d'une espèce de glu pour réunir la division. S'il y avait inflammation à la seime, au lieu d'une S on mettrait aux deux côtés deux petites raies de feu.

Pour les courbes, éparvins, vessigons, etc., on le met en palme ou fougère.

Il y a plusieurs choses à observer pour donner utilement le feu, qui ordinairement est un remède très-efficace.

Premièrement, le temps est celui de nécessité, sans s'embarrasser du cours de la lune ni des planètes.

Secondement, il est à propos, s'il y a inflammation à la partie malade, de l'ôter auparavant, par le moyen des remèdes émolliens, dans la crainte de l'augmenter par le feu.

Troisièmement, il ne faut jamais faire chauffer les fers au feu du charbon de terre, parce qu'il chauffe trop vivement, et que par sa vivacité il ronge les couteaux et y fait des dents (au lieu de les conserver lisses et unis), mais seulement à celui du charbon de bois; et il faut en faire chauffer sept ou huit à la fois, ou du moins plusieurs en même temps, afin de n'en pas manquer pendant l'opération et de la pouvoir achever tout de suite.

Quatrièmement, il faut qu'ils soient rouges, non flambans.

Cinquièmement, il faut avoir la main légère; bien entendu pourtant qu'il faut appuyer assez, pour que la chair prenne une couleur de cerise et ne se pas contenter de brûler seulement le poil; mais ne pas enfoncer lourdement jusqu'à ce que l'on ait percé le cuir.

Quand on a appliqué le feu, on frotte la brûlure avec du miel et du sain-doux, ou du miel et de l'eau-de-vie, ou de l'encre à écrire commune, ou bien on y met une ciroëne avec de la cire jaune fondue avec partie égale de poix noire, et de la tondure de drap ou des os calcinés, ou de la savate brûlée par-dessus; mais le miel et l'eau-de-vie font l'escarre moins grande. Les jours suivans on applique dessus de l'onguent d'althéa ou rosat pendant dix, douze ou quinze jours.

De la Manière de couper la langue.

Il y a des chevaux qui ont la vilaine habitude de tirer la langue, et qui la laissent pendre en dehors d'un longueur assez considérable. Quoique ce soient d'ailleurs de très-beaux chevaux, rien n'est plus désagréable à la vue. Cela peut provenir d'un relâchement dans la partie, aussi-bien que de mauvaise habitude. On essaie différens moyens pour les corriger de ce défaut. On leur met des drogues âcres et désagréables sur le bout de la langue pour la leur faire retirer; on la pince, on la pique, on y cingle de petits coups pendant plusieurs jours, et

quand ce n'est qu'une mauvaise habitude
on la leur fait perdre quelquefois à force
de soins et d'assiduités. Mais si ce défaut
vient de mauvaise conformation ou d'un
relâchement dans la partie, et que toutes ces tentatives deviennent inutiles, on
a recours à l'opération, qui consiste à en
couper un petit bout de chaque côté. Ce
qui se fait en la tirant un peu sur le
côté, la tenant ferme dans la main, ou
sur un petit bout de planche, et coupant
avec un rasoir bien tranchant les deux
côtés du petit bout, afin que la langue
reste toujours un peu pointue, parce que
si on la coupait transversalement, elle
passerait par la suite par-dessus le mors,
et outre cela le cheval aurait de la peine
à ramasser son avoine dans la mangeoire.

*Observation sur la manière de faire
avaler les breuvages et les pillules
et sur l'usage du billot.*

L'usage ordinaire, lorsqu'on veut faire
avaler un breuvage à un cheval, est de
lui lever la tête haute, de lui tenir la bouche ouverte avec un bâillon, et lui couler

dedans la potion tout doucement avec la
corne. Dans certaines maladies où il ne
peut ouvrir la bouche, on lui met la
corde dans les naseaux , et le breuvage
passe par la communication de la voûte
du palais entre la bouche et le nez. Dans
d'autres maladies, on le fait pour déterger
quelque ulcère qui se peut trouver dans
les naseaux, comme dans la gourme et
la morve. Quelquefois on use de cette méthode, quoiqu'il n'y ait point d'ulcère
dans les naseaux, et que le cheval puisse
aisément ouvrir la bouche , mais seulement parce qu'il serait dangereux de lui
faire lever la tête, qu'il est obligé de
lever plus haut quand il prend par la
bouche. Pour les pilules, on se saisit de
la langue, on la tient ferme et on met la
pilule dessus avec un petit bâton; elle se
fond ou tombe insensiblement dans l'œsophage : si elle ne coulait pas aisément,
on lui ferait tomber sur la langue quelques gouttes d'huile pour faciliter la des-
cente. Après avoir pris les pilules, on
peut lui couler sur la langue un petit
verre de vin pour achever de précipiter

les pilules. Mais voici ce qu'il faut observer :

1°. Qu'il est dangereux de faire lever
la tête trop haut, parce que le cheval
s'engoue plus facilement;

2°. Que quand il tousse, il faut ces-
ser pour un moment le breuvage et les
pilules et lui laisser baisser la tête, parce
qu'on a vu des chevaux qui ont péri d'une
médecine, non par la qualité des drogues,
mais par la quantité de liqueur qui était
tombée dans la trachée artère et avait
suffoqué le cheval;

3°. De ne point tirer la langue trop
fort, parce que les adhérences étant faibles, on pourrait l'arracher;

4°. De ne lui point faire avaler trop
vîte, par la même raison;

5°. De laisser le cheval quatre ou cinq
heures au filet sans manger.

Le billot n'est point sujet à ces inconvéniens, c'est un bâton fait en forme de
mors, autour duquel on met les médica-
mens convenables, incorporés, s'il le faut,
avec suffisante quantité de beurre ou de
miel, et que l'on enveloppe d'un linge

pour retenir le tout; aux deux bouts de ce mors est attachée une corde que l'on passe par-dessus les oreilles, comme une têtière. On laisse le cheval à ce billot, jusqu'à ce qu'il ait sucé le médicament. Cette manière de faire prendre les remèdes, est assez commode et sans aucun danger.

D'autres ne mettent point de bâton dans le billot : ils mettent le médicament sur un linge, qu'ils roulent ensuite et nouent par les deux bouts, et ils l'attachent comme le précédent.

Pour faire revenir le poil tombé par galle, où besoin sera.

Prenez partie égale de populéum et de miel blanc, frottez-en deux fois par jour, quinze jours de suite, les endroits où le poil sera tombé ; et si c'est en été, à cause des mouches, mêlez-y de la poudre de coloquinte ou de la poudre d'aloès sucotrin.

CONCLUSION.

Nous croyons pouvoir nous flatter maintenant d'avoir rempli scrupuleusement toutes les obligations que nous nous sommes imposées dans notre INTRODUCTION. Que nous sommes-nous donc proposé de faire ?... — De traiter les points principaux de la connaissance du cheval, de ses maladies, de l'art de le guérir, de le dresser, de le ferrer, de le monter, de procéder à diverses opérations chirurgicales. Nous pensons donc avoir atteint notre but d'une manière satisfaisante dans les chapitres qui sont consacrés à toutes ces matières. Sans doute que les artistes vétérinaires trouveront encore ce MANUEL insuffisant sous plusieurs rapports ; ils y chercheront en vain des détails sur la science médicale, sur la pharmacie de l'artiste vétérinaire, qu'il eût été impossible de faire entrer dans les bornes d'un cadre si étroit ; mais pour peu qu'ils réfléchissent que

3o*

nous avons su réunir, avec des *planches
comparatives et correspondantes*, absolument tout ce qui a trait au cheval;
pour peu, disons-nous, qu'ils remarquent
que l'écuyer, l'écolier de manége, le
maréchal-ferrant, l'artiste-vétérinaire,
l'homme du monde, peuvent jouir dans
cette rapide analyse de l'utile et de l'a-
gréable, et parer, dans un voyage, ou
dans toute autre circonstance, à des accidens imprévus, nous aimons à penser
qu'ils ne nous refuseront pas leurs précieux
suffrages. Notre intention n'ayant été que
d'abréger dans un tableau concis les parties élémentaires de l'art de connaître les
chevaux, et de rassembler dans un seul
et même volume les instructions premières et les plus importantes, ce serait
nous critiquer sans motif que de blâmer
la rapidité de nos extraits; car ceux qui
voudront s'instruire complètement dans
cette matière doivent avoir recours à
des ouvrages très-volumineux, très-coû-
teux, qui, d'un autre côté, comme nous
l'avons dit, pourront peut-être les rebuter, en chargeant leur mémoire d'un poids

369

énorme de leçons, produiront l'effet contraire, c'est-à-dire, feront naître dans leur esprit le découragement et l'oubli inévitable de trop longues dissertations. Cet ouvrage n'a pas cet inconvénient ; pour tous les objets qu'il traite, il marche droit au but, et la brièveté est un mérite qu'on ne peut lui contester. Plaise à Dieu que le public en juge ainsi et daigne honorer d'un accueil favorable une analyse qui, ce nous semble, manquait dans la librairie, dont les belles-lettres paraissent s'être emparées exclusivement au détriment des arts les plus utiles et les plus précieux.

~~~~~~

TABLE DES MATIÈRES

CONTENUES DANS CE VOLUME.

FIN DE LA TABLE DES MATIÈRES.

Imprimerie de GUEFFIER, rue Guénégaud, n° 31.